青少年探索文库
QingShaoNian TanSuoWenKu

感受名人的智慧

吕璟纯　编

吉林人民出版社

图书在版编目（CIP）数据

感受名人的智慧 / 吕璟纯编. — 长春：吉林人民出版社, 2010.10（2021.3重印）
（青少年探索文库）
ISBN 978-7-206-07085-3

Ⅰ.①感… Ⅱ.①吕… Ⅲ.①人生哲学–青少年读物 Ⅳ.①B821-49

中国版本图书馆CIP数据核字(2010)第192146号

感受名人的智慧

编　者：吕璟纯
责任编辑：郭雪飞
吉林人民出版社出版（长春市人民大街 7548 号　邮政编码：130022）
印　刷：三河市燕春印务有限公司
开　本：700mm×970mm　1/16
印　张：13　字数：110 千字
标准书号：ISBN 978-7-206-07085-3
版　次：2010 年 10 月第 1 版　印　次：2021 年 3 月第 2 次印刷
定　价：39.00 元

目 录

抉　择

◎　（英国）休　谟

◆你是否以为能从一位哲学家那里学到如同变魔术那样变出的东西

一个人按照他的性格爱好选择他的生活道路，可以运用许多办法来确保自己比另一个追求同样目标的人得到成功。你追求的主要目标是财富吗？那你就要专心你那一行以获得熟练技能；要勤勉地实际练习它；要扩大你的朋友和熟人的范围；要避免享乐和花销；决不要做无谓的慷慨大方，而要想到你必须节俭才能得到更多的钱。你想得到公众的好评吗？你就要避免狂妄和过谦这两种极端，显出你是自尊的，但也没有轻视别人。如果你陷入这两种极端之一，那你就会由于你的傲慢而激起人们对你的傲慢态度，或者就会由于你胆小如鼠的谦卑和你似乎喜欢说些低声下气的话，让别人看不起你。

你会说，这不过是些普通有关小心谨慎和遇事斟酌之类的老生常谈，每个父母都拿这些道理来谆谆告诫自己的孩子，每个头脑健全的人在他选定的生活道路上都是这样做的。可是，你还想得到的更多东西又是什么呢？——是的，我们从一位哲学家那里受到的教导，主要是我们应该怎样选择我们的生活目的，而不是达到这些目的的手段；因为我们不知道选择什么志向能使我们满意，什么情感我们应当依从，什么嗜好我们应当迷恋。至于其他，我们信任普通的健全理智和世上为人处事的一般道理，把它作为我们的教训。

大地的梦

◎（黎巴嫩）纪伯伦

◆你们谁肯作一根芦管，在万物合唱的时候，你独痴呆无声

你们常听人说，工作是祸殃，劳作是不幸。

我却对你们说，你们工作的时候，你们完成了大地的深远的梦之一，他指示你那梦是何时开头。

而你劳作不息的时候，你确在爱生命。

从工作里爱生命，就是通彻了生命最深的秘密。

倘然在你的辛苦里，将有身之苦恼和养身之诅咒，写在你的眉间，则我将回答你，只有你眉间的汗，能洗去这些字句。

你们也听见人说，生命是黑暗的，在你疲累之中，你附和了那疲累的人所说的话。

我说生命的确是黑暗的，除非是有了激励；

一切的激励都是盲目的，除非是有了知识；

一切的知识都是徒然的，除非是有了工作；

一切的工作都是虚空的，除非是有了爱；

当你工作的时候，你便与自己、与人类联系为一。

寻找生之乐园

◎（瑞士）希尔提

◆大部分人都不知道自己在期望着什么

当你的心灵全然寂静的时候，不妨自问："我真正盼望的是什么？"然后老老实实地回答！

过着没有工作也不必担心生计的豪奢生活，享尽天下的荣华富贵，这大概是某些人想象中的乐园生活吧！但这种生活在我们的文明社会中，可以说是不存在的。亦即，你在这辈子必然无法获得这样的生活。

那么，你为什么不盼望有个工作，在正确思想的引导下，过着舒畅、稳定而无压力的生活呢？这件事是任何人都做得到的，只要心中强烈地希望过那样的生活，并且朝着那条道路前进。

大部分人都不知道自己在期望些什么，甚至很少会真正去思考这方面的问题。有些人期望去做根本不可能达到的事，结果徒劳无功；也有些人一直在变更期望，因此一事无成。但那些对自己力所能及的事情始终抱着积极态度的人，常能完成在别人眼中不可能完成的事。

不过，必须注意的是，即使有积极的态度，仍须按部就班地去做。人生的全部阶段，不是任意飞越得了的，低年级不可妄求高年级的事，否则就会连自身最基本的义务都无履行。

什么是有意义的?

◎ (德国) 爱因斯坦

◆安逸和享乐这种伦理基础，我叫它猪栏的理想

要是没有志同道合者之间的亲切感情，要不是全神贯注于客观世界——那个在艺术和科学工作领域里永远达不到的对象，那么在我看来，生活就会是空虚的。人们所努力追求的庸俗的目标——财产、虚荣、奢侈的生活，我总觉得是可鄙的。我从来不把安逸和享乐看做是生活目的的本身——这种伦理基础，我叫它猪栏的理想。照亮我的道路，并且不断地给我新的勇气去愉快地正视生活的理想，是善、美和真。

苦和甜来自外界，坚强则来自内心，来自一个人的自我努力。我所做的绝大部分事情都是我自己的本性驱使我去做的。现在时常发生品格高尚的人用自己的自由意志而离开人世的

事，以致我们对于这样的结局不再感到不寻常了。然而要作出死别的决定，一般都是由于无法（或者至少不愿意）屈从新的、更困难的外界生活条件。因为感到内心冲突无法容忍而了结自己的生命，即使在今天，在精神健全的人中间，也极少发生，这只有在那些最清高、道德最高尚的人才有可能。

一个人很难知道他自己的生活中什么是有意义的。当然也不应当以此去打扰别人。鱼对于它终生都在其中游动的水又知道些什么呢？

大自然

◎（德国）歌　德

◆她把我带入生活，又引我走出那生活的藩篱

啊，大自然，这包容着我们又控制着我们的大自然，谁也逃不出她的掌握，更无法参透她的心意。而她，却往往一下攫住了我们，把我们扔进她那狂舞的漩涡，让我们在她的手中晕头转向，精疲力竭。

她容忍一个个稚子在她面前卖弄才智，也允许一个个傻瓜对她妄加评议。无数的人在她面前走过，却从来没有人看清过她的面目，而她却在观赏周围发生的一切，对一切作出她自己的估计。即使你不同意，也得服从她的规律；即使你想反对，也必以她的意志为法律；一切都是必要，一切都是好意。她举止从容，是为了等待你；她行动匆忙，你就不会发腻。她没有

语言，没有文字，却创造了那么多嘴巴来说话，那么多心灵来感受、来识别。她就是一切，她奖励自己，惩罚自己，让自己高兴，也折磨着自己。

她以不同的形象出现在不同的人们眼前，又以无数不同的名目和称号隐藏着自己。

她把我带入了生活，又引我走出那生活的藩篱。我信赖她，信赖她对我所做的一切。

她从不厌烦自己的创造。我对她，也决不评头品足，指东道西。她告诉了我什么是欺骗，也告诉了我什么是真理。唉，这世上的一切，全是她的过错，也全是她的功绩。

金钱崇拜

◎ （英国）罗 素

◆最快乐的人是对金钱不关心的人

它是一种信仰，认为一切价值都要用金钱来衡量，金钱是人生成功与否的最终考验。这和人的本性并不一致，因为它忽视了生命的需要，也忽视了对于某些特殊的生长的本能的倾向。它使人认为和取得金钱相反的愿望是不重要的，而这些愿望，一般说来，对于人的幸福比收入的增加，更为重要。它从一种错误的关于成功的理论，引导人残害了自己的本性，并且使人羡慕对于人类幸福毫无补益的事业。它促使人们的品格和目标趋于完全一致，降低了人生的愉快，增加了紧张与繁重的感觉，使整个社会变得厌倦、消极和缺乏幻想。

由于惧怕失掉金钱而发生的忧虑与烦闷，使人把获得幸福的能力消耗掉，而且恐惧遭受不幸的惧怕，比起所惧怕的不幸来，还更为不幸。

不论男女，最快乐的人是对金钱不关心的人。因为他们有某些积极的目标，把金钱驱出门外。

你的第一个责任

◎（德国）费尔巴哈

◆你的第一个责任就是使自己幸福

生活的基础也就是道德的基础。如果由于饥饿，由于贫穷，你腹内空空，那么不论在你的头脑中、在你的心中或在你的感觉中，都不会有道德的基础和资料。

你的第一个责任便是使自己幸福。你自己幸福，你也就能使别人幸福；幸福的人，但愿在自己周围能看到幸福的人。在野蛮时代不被认为是不道德的事情，在文明时代就会被认为是不道德的。

我的良心的呼声不是独立的呼声，它不是由蔚蓝的天空响彻下来的呼声或以某种自然发生的神奇方式由自身发生出来的呼声；它只是受我损害者的苦痛叫喊的回声，也是一个由于悔辱了别人而同时侮辱了自己的人的有罪判决的回声。

正如受到外部因素约束性的、强迫性的限制的权利，使我的追求幸福的愿望同你的以及别人的追求幸福的愿望取得协调一样，受到内心亲切的、诚恳的和自愿的限制的道德，也使我追求幸福的愿望同你的以及别人的追求幸福的愿望取得协调。我的权利就是法律所承认的我的追求幸福的愿望；我的义务就是我不得不承认别人追求幸福的愿望。

幸福的三种成分

（英国）休　谟

◆完全少了其中任何一种，这整个幸福的趣味就会给毁掉

按最能为人接受的观念来看，人类的幸福是由三种成分组成的，这就是：有所作为，得到快乐，休息懒散。虽然这些成分的安排组合应当看各人的具体情况有不同的比例，可是决不能完全少了其中任何一种，否则，在一定程度上，这整个幸福的趣味就会给毁掉。“休息”本身似乎对我们的欢乐说不上有什么贡献，可是最勤勉的人也需要睡眠，软弱的人类本性支持不住不间断的忙碌辛劳，也支持不住无休止的欢乐享受。精力的消耗，能使人感到种种满足，但精疲力尽之时就需要一些间隙来休息；不过这种休息应该是暂时的，如果时间拖得过长就

会使人厌烦乏味，兴趣索然。在心灵的休息和心力的恢复上，教育、习俗和榜样有巨大的影响力；应当承认，只要它们能增进我们行动时的快乐，对我们的幸福就是非常有益的。

在产业和艺术昌盛的时代，人们都有稳定的职业，对他们的工作和报酬感到满意，也有种种愉快的享受作为他们劳动的果实，心灵得到了新的活力，扩展了它的力量与能力；由于勤恳地从事受人尊重的工作，心的自然需要就得到满足，同时也预防了不自然的欲望，那通常是由安逸怠惰所引起和滋长起来的。

成功的秘诀

◎ （英国）塞克斯

◆成功是发现你的最佳才能

成功没有秘诀。成功是做你应该做的事情。成功不是做你不应该做的事情。

成功并不限于你生活中的某一个范围。它包括你与旁人之间关系的所有方面：作为一个父亲或母亲，作为一个妻子或丈夫，作为一个公民、邻居、工人，以及所有其他种种。

成功并非指你的人格的某一部分，而是同所有各部分——身体、心理、感情、精神——的发展相连的。它是把整个的人做最善的利用。

成功是发现你最佳的才能，技巧和能力，并且把它们应用在能对旁人做最有效的贡献的地方。用朗费罗的话说，它是

“做你做得到的事情，并且做好你所做的任何事情。”

成功是把自己的心力运用在你所爱做的工作上面。它是指一个人热爱自己的工作。它需要你全神贯注于你生活中的主要目标。

它是把你现在的全部力量集中于你所热望完成的事情上。

正确的方法

(德国)爱因斯坦

◆最好的方法所能告诉我们的，不过是各种事实的关系

做同样的工作，它的出发点，可以是恐怖和强制，可以是追求威信和荣誉的好胜心，也可以是对于对象的诚挚的兴趣和追求真理与理解的愿望，因而也可以是每个健康儿童都具有的天赋的好奇心。

一切方法的背后如果没有一种生气勃勃的精神，它们到头来都不过是笨拙的工具。但是如果渴望达到这个目标的念头是强烈地活跃在我们的心里，那么我们就不会缺少干劲，并且主动去寻找达到这个目标并且把它化为行动的方法。

我对自然知识的兴趣比较强，但在早期的学习生活中，作为一个学生，我还不清楚，对物理学来说，通向更深奥的基本知识的道路是同最精密的数学方法联系着的。

科学方法所能告诉我们的，不过是各种事实是怎样相互联系，相互制约的。而想要获得这种客观知识的志向，则是人们能拥有的一种最高尚的志向。

这种不可分割性不仅适用于道德问题，而且也适用于各种其他问题：因为要是不从小问题同大问题相互依存的关系上来了解，就不能适当地评价小问题。

解决问题三原则

(美国)巴　奇

◆发掘事实，了解自己，要有机智

我提供三个原则，作为我的忠告，让你可以用来解决任何可能发生的问题。

第一原则：发掘事实。每一新问题发生时，不要企图找到你所希望找到的东西，而要发掘事实，必须应付的事实。你或许不喜欢你所找到的东西。那么，你便有权利改变它。但在你觉得自己讨厌的东西是事实的时候，你不要欺骗你自己。

第二原则：了解你自己，只有了解自己，你的脑子才能成为你的敏锐而有效的工具。要明白你自己的缺点、爱好和偏见，以便对自己所见到的加以客观的抉择。你还要明白什么时候你确已把所应付的事情的本质详加思索，和什么时候你根本没有想。

第三原则：要有机智。至少要做一个守则或自律的人，来配合以上两个原则。明白了自己和事实，便可判断你自己能否改变情势，使它更合乎本意。如果自己不能或不知道如何改变情势，便要设法自律来作必要的调整。

论时机

◎ （英国）培 根

◆善于抓住时机迎头邀击它，要比犹豫躲闪更有利

幸运之机好比市场，稍一耽搁，价格就变。它又像那位西比拉的预言书，如果能买时不及时买，那么等你发现了它的价值再想买时，书却不见了。所以古谚说得好，机会老人先给你送上他的头发，如果你一下没抓住，再抓就只能碰到他的秃头了。或者说他先给你一个可以抓的瓶颈，你没有及时抓住，再摸到的就是抓不住的圆瓶肚了。

所以，善于识别时机，是一种极难得的智慧。例如在一些危险关头，看起来吓人的危险比真正能压倒人的危险要多许多。只要挺过最难熬的时机，再来的危险就不那么可怕了。因

此，当危险逼近时，善于抓住时机迎头邀击它，要比犹豫躲闪更有利。因为犹豫的结果恰恰是错过了克服它的机会。但也要注意警惕那种幻觉，不要以为敌人真像它在月光下的阴影那样高大，因而在时机不到时过早出击，结果反而失掉了获胜的机会。

笃志而体

◎ （法国）玛丽·居里

◆当事情结束的时候，你要能问心无愧地说：“我已经尽我所能了。”

生活对于任何一个男女都非易事，我们必须有坚韧不拔的精神，最要紧的，还是我们自己要有信心。我们必须相信，我们对每件事情都具有天赋的才能，并且，无论付出任何代价，都要把这件事完成。当事情结束的时候，你要能够问心无愧地说：“我已经尽我所能了。”

有一年春天里，我因病被迫在家里休息数周，我注视着我的女儿们所养的蚕结着茧子。这使我感兴趣，望着这些蚕固执地、勤奋地工作着，我感到我和它们非常相似。像它们一样，我总是耐心地执著于一个目标。我之所以如此，或许是因为有某种力量在鞭策着我——正如蚕被鞭策着去结它的茧子一般。

在近五十年来，我致力于科学的研究，而研究，基本上是对真理的探讨。我有许多美好快乐的记忆。少女时期我在巴黎大学，孤独地过着求学的岁月；在那整个时期中，我丈夫和我专心致志地，像在梦幻之中一般，艰辛地坐在简陋的书房里研究，后来我们就在那儿发现了镭。

我在生活中，永远是追求安静的工作和简单的家庭生活。为了实现这个理想，我一生都在竭力保持宁静的环境，以免受人事的侵扰和盛名的渲染。

行百里者

◎（中国）老　子

◆做事在结尾之际能像开始时那样慎重，就不会使事情失败

事物在安静时容易保持，在它还没有出现变化的征兆时容易图谋；在它脆弱时容易将它分开，在它微小时容易将它打散。要在事故还没有发生时去预防，要在混乱没有形成时去治理。合抱的大树，从很小的萌芽长成；九层的高台，从一篑土逐渐筑起；千里的远行，从脚下第一步开始。不遵循这一法则，有意违背自然规律的人，就会失败；固执己见，不肯改进，这样的人会受到挫折的打击。

因此，圣人无为，做事不会失败；不固守偏见，就不会受伤害。老百姓做事，常在接近成功时失败。做事在结尾之际能

像开始时那样慎重，就不会使事情失败。因此，圣人要众人所不想要的真理，却不重视难以得到的财物；学众人所不学的学问，以此使众人超过“道”所要求的行为返回于“道”；同时能够辅助万物的自然成长而不敢违背。

天行健，君子以自强不息

◎ （日本）松下幸之助

◆我们要时常由内心激发新的欲念，唤起求知进取的精神

人类已经到月球探险多次了，像这种事，在不久以前还只是人类的梦想而已，科学家们的努力，使昔日理想成为事实。人类的智慧，可以说是无穷尽的，也是永远不会衰竭的宝贵资源。

我们思虑及此，就会领悟到，即使今日看来最完善的事，到了明天，或者又会有新的方法和新道路可行。如果只是以得过且过的态度从事企业经营，实在是令人忧心。

人类的通病，是当得到好处的时候，或者事业稍有成就了，就容易耽于安逸，安于现状，故步自封，不想再求新向

上，降低求知的热情。长此以往，不进反退，就终要被时代潮流所遗弃。

因此我们要时常由内心生出警惕，激发求新的欲念，唤起求知进取的精神，这才是面对时代潮流应有的态度。

人类自有无数的道路可行，亦有无限的目标可供奋斗。最重要的，凡事不畏艰难，抱定事在人为的决心，以热情和诚意努力以赴。说也奇怪，假使你能热心地专注于工作，就会不断有创造性的观念和做法产生。

通向盛名之路

◎ （德国）叔本华

◆伟大的头脑与心灵值得我们全力追求，以增进我们和社会的幸福

建立名声的巨大成就可以分为两类：立功、立言。这是通向名声的两条必经之路。就基本条件而言，立功者需要有一颗伟大的心灵；立言者则需要一个伟大的头脑。两条道路亦有区别，其得失也显而易见：功业若过眼烟云，而著作则永垂不朽。最为辉煌的丰功伟业，对人类影响都有时限；然而一本才华横溢、飞珠溅玉的名著，却是生机勃勃的灵感泉源，历经千年岁月仍光华四射。功业更多的是留给人们回忆，在岁月的流逝中逐渐遗忘变形。日复一日，人们对它渐渐不再关心，直至消失殆尽，除非历史将它凝化为石，流传后世。而著作本身便

可不朽，一旦书篇写就，便可与世长存。

立功的实现多少要靠机遇。因此，获得功名一方面固然是由于其业绩本身的价值，另一方面也有赖于时事风云的造就，否则，就不可能光华闪烁。

立言的情形则与立功相反。它无需偶然的机遇，所依靠的是立言者的品德学问，并且借此可与世长存。

事实上，名声是比较的结果，而且主要是在品格方面的对比，所以，要对其作出评价，也就因人而异。因新秀的崛起，某人的名声便不知不觉地受到了冲击或湮灭。因此，所谓绝对价值，只存在于那些出类拔萃之物，直接地靠其本身而傲视同类，在任何情况下都不可为他人剥夺。所以伟大的头脑与心灵值得我们全力追求，以增进我们和社会的幸福。没有反射体我们无以看到光线，没有沸扬名声我们便不可能认识真正的天才。然而名声并不能代表价值，许多天才于默默中沉没。莱辛便有句名言："有些人得到了名声，有些人却当获未获。"

负　重

◎　（德国）里尔克

◆用微笑去照亮生命的隧道，我们会看见人生的奇迹和宝藏

我想对青年们说的，只有以下的一件事情（这也是现在我所确知的唯一事情），那就是——我们总是必须将最重的东西当成基础，而那也正是我们所肩负的任务。

人生重重地压在我们的身上，它的重量越重，我们就越深入人生之中。必须生活在我们周遭的不是快乐，而是人生。

人生非得这样不可。假如有许多人在年轻时便急着把人生变得前卫且肤浅，或是将人生变得轻率且轻浮的话，他们只是放弃了认真地接受人生乐趣及放弃了真正担当人生责任的机会，而靠着自己最固有的本性去感受人生，并且停止了追求生命价值的努力。

但是，这对人生而言，并不意味着任何的进步。这仅是意味着抗拒人生无限的宽广与其可能性的表示。而我们被要求的是——去爱惜重大的任务及学习与重大任务交往。

在重大的任务中，隐藏着好意的力量，也隐藏了使我们变成有用之材，及带给我们生之意义的使命。

我们也应该在重大的任务中，拥有我们自己的喜悦、幸福及梦想。我们只要将这美丽的背景放到我们的眼前，幸福与喜悦就会清楚地浮现出来，如此我们才能开始体会其中之美。

我们高贵的微笑在重大任务的黑暗中，也拥有某种意味。那就是——我们只能在这个黑暗中，当它有如梦幻般的光辉在一瞬间大放光明时，清楚地看见围绕在我们身边的奇迹与宝藏。

在痛苦中

◎ （德国）尼 采

◆在痛苦中，不仅有喜悦，同时还有智慧存在

痛苦中的智慧——在痛苦中，不仅有喜悦，同时还有智慧的存在。它和前者一样，都是人类最佳的自卫本性。若非如此，痛苦早就被去除了。没有人不认为它是有害的，因为那正是它的本质。

在痛苦中，我听到船长命令道："卷帆。"一个大胆的航海家，必须知道如何在各种不同的水路上导航，否则他不仅驶不远，大洋也会把他吞没。同样地，我们也得学习如何在日常生活中控制精力。一旦痛苦发出预先警戒的号令，也就是到达应该减速的时候了——因为某些危险或风暴即将来临，而我们要尽可能地做好各项"防备工作"，以避免遭受风险。

但是，却有许多人在接近严重的痛苦之际，违反了命令。于是，当暴风雨迎头袭来时，他们的愉快不见了，也神气不起来了。事实上，痛苦本身已经充分给予他们宝贵的时刻，奈何他们不能把握。另有一些英雄好汉，他们本身却是人类痛苦的制造者，这些少数人，只需要和一般痛苦同样的代用品即可——而代用品并不能否定他们的伟大！他们是保存和推动人类的一些极其重要的力量。因为，他们反对骄矜造作和自以为是的安逸愉悦，并且毫不掩饰对这种快乐的厌恶。

忍一时风平浪静

◎ （瑞士）希尔提

◆我们的判断一开始经常是错误的

解决困难最好的对策，是忍耐和勇气。

不管在多么黑暗的时刻中，对能够仰赖正义的人而言，朝阳没有多久就会重现。因为委身于正义，就好像被告知太阳即将来临而迎接阳光等待鸡鸣一般。

对于所有困难，我们只要能摆出面对它的架势去实际承担起来，不知有多少困难会马上消失，这是经验上极为显著的真理。

事实上，只要去尝试看看就能立刻明了：对降临在我们身上的事，我们的判断在一开始时经常是错误的。

我们常有以下这种经验：乍看不适合并且与我们作对的

事，到后来才知道其实是符合我们目的的。或者相反地，原以为是幸运的事，纵使以后没有造成什么伤害，却对我们没有任何助益。

所以，当心事重重时，暂且不去下判断，可以说是最聪明的处置方法了。

另外有一个更有效的方法，就是不管遇上多么困难的事，最好暂时忍耐一下，并且应该相信，到了下一刻钟事态就会转变，或者至少也会涌现出新的力量！

在希望中生活

◎（英国）狄克斯

◆迎接人生新希望，失望不能对我们有所影响

只要能在心中充满希望地生活，热切地接受人生的新观念，机敏地注意人生的新消息，觉醒地迎接人生的新希望、梦想和目标，那么，琐细的烦恼、损失和失望便不能对我们有什么影响。

在障碍与踏脚石的高度之间，毕竟没有多大的差别。至于它们到底是用来攀登上进或颠踬下坠，要看我们接近它们时的心情而定。

如果我们能尽到所能，洞察一切，以我们累积的经验而仍然难免摔跌，自然是令人十分难受的事。假使我们除已失去了再行发展的资本外仍有损失，那样的损失的确是非常惨重的。

可是，只要我们需求的证据尚未搜齐，我们的工作尚未做完，我们的人生仍然充满热情、冒险的诱力和发现新事物的希望，那么，小小的障碍和烦恼，是没有多大关系的。

永远像野兽那样生活吗？

◎（意大利）区米利克·克罗齐

◆除了不公正之外，一切都被颠倒了

我们想用武器干什么？我们应当永远像野兽那样生活吗？在这种情况下我们至少要像野兽那样表示出同样的节制，因为它们从不在群内斗争，只是由于饥饿和其他困厄的驱使才互相战斗。相反地，人们为了一件小事而开始争斗。他们出于纯粹的轻率态度进入战场，不是一个人反对一个人，而是上万人反对上万人地进行斗争，并且面对堆得高高的尸体和血沃平原的景象而兴高采烈。让我们描绘两支同样相互进逼的军队的情景，粗野的目光，愤怒而扭曲的士兵的脸，威胁，野蛮的叫喊，在大炮的隆隆声中往复发出的这种声响，然后是突击，令人恐怖的徒手格斗和把人砍成碎块的相互杀戮，另一些将死的

人恳求他们的同伴给予帮助，给予致命的一击，以便缩短他那不幸的渐次熄灭的生命的痛苦。此后轮到没有防卫能力的人：老人被打倒在地，孩子被杀害或抢走，妇女受到污辱，一切都被颠倒了，除了不公正之外，没有什么比它更确实的。

随之而来的通常是两件坏事：瘟疫和饥荒。因为在战争中土地抛荒，人民没有东西可吃，不得不吞食一切可能吃的东西——好的和坏的，这些食物不能滋养身体，而是产生腐烂的汁液，由此又导致痢疾和传染病的产生。

我渴望和平

◎ （英国）詹姆斯·麦克唐纳

◆我仿佛听到他们墓上的青草在簌簌生长，发出庄严而又使人慰藉的和声

今天，当我阅悉和平已经到来，当我盼望和平，为和平祈祷，我想到遍布欧洲中心各地几乎数不清的坟墓。我们许多儿女长眠在这些坟墓之中。我们所有人都会在自己的心头许愿，要为这些再也不能含笑归来和我们重逢的人树立起一座纪念碑，难道不应该建立一座雄伟壮丽的纪念碑，使后世子孙即使忘记了他们的姓名，也能永远记住他们的牺牲吗？我认为应该这样做。我仿佛听到他们墓上的青草在簌簌生长，发出庄严而又使人慰藉的和声，这种简单而使人安慰的和平之音仿佛逐渐响亮起来，更加庄严肃穆，把一切纷乱的枪炮声淹没下去。在今天这个日子，我们难道心内没有这种感情吗？我们难道能不在神游我们孩子们长眠之所时，感到和平将植根于我们心中，也将主宰欧洲？难道通过这些哀痛与牺牲，我们不会变得聪明、得到启示，使欧洲永保和平吗？

论未来世界

◎ （英国）罗　素

◆只有国际合作才能防止战争

我的上半生是在19世纪的乐观主义的气氛里度过的，后半生所过的却是历经战乱的时代。从大处看来，凡是大战都是各国工业竞争的结果。要想使整个世界恢复原来的稳定，就必须使工业发展和生产加以国际性的适当节制和管理。只有国际性的合作才能制止大战的发生，而这种国际性合作，假如能有效制止战争的话，必须包括控制原料的限定用途。当然现在我们离这一步还远得很，但当我想到在我一生八十年中世界已经有了这么大的变迁时，我就没有理由怀疑在未来的八十年中会不会有同样使人惊奇的事情发生了。

如果科学技术并不因为被用在科学化的战争上而受到阻

碍，那末今后八十年间有许多科学的进展是可以预期的。我想那时人是可以到月球去了。但是月球上没有大气，人必须自己带了空气去，所以也就不能长久地住在那儿。至于到金星或火星上去旅行则是难以解决的问题。火星和月球一样也没有大气，即使有也很少很少。金星有一层大气，但据说这个气层是有毒的。水星上面太热了，而别的行星上面又太冷了。

战争刍议

◎ （德国）尼 采

◆参与极端冒险的活动，是恢复战争时期充满活力的心境的最好方法

战争是不可或缺的——人类一旦忘记战争，众多期望和梦想，都将化为泡影。愈惨烈的战争，愈能让人体会出震撼心灵的巨大痛苦，这也是唯一能让人体验民族力量的伟大事物。

这犹如河川泛滥般怒涛汹涌的战争，混杂着各种污物。然而，这些都是肥沃文化园地所不可或缺的东西。虽然它一时会将文化破坏得荡然无存，但也以此极端的破坏，使得精神灵魂得以重建。唯有那些曾历经道德沦丧战争的人，才有资格谈论文化的激情。

现在看似已经放弃战争的那些英国人，为了恢复昔日那朝气蓬勃的活力，便去从事充满危险的探险旅行、远洋航行或登山等活动。以科学的观点而言，这种参与极端冒险的活动，是恢复战争时期充满活力的心境的最好的方法。

人类一直设法寻找那些能替代战争的活动，尤其是那些现今拥有最高文化，却最无活力的欧洲人。为了让自己的文化更具活力，除了诉诸战争，且最为惨烈的战争。换句话说，即使一时恢复野蛮状况，对代用品的追求已是变得不可或缺了。而且，随着代用品的出现，我们更能体会出人类好战的天性。

人生的点金石

◎ （英国）培　根

◆那些没有朋友的人，就是啃啮自己心灵的人

如果没有友情，生活就不会有悦耳的和音。在没有友谊和仁爱的人群中生活，那种苦闷正犹如一句古代拉丁谚语所说："一座城市如同一片旷野。"人们的面目淡如一张图案，人们的语言则不过是一片噪音。

由此可以看出，人与人的友情对人生是何等重要。得不到友谊的人将是终身可怜的孤独者。没有友情的社会则只是一片繁华的沙漠。因此那种乐于孤独的人，其性格不是属于人而是属于兽的。

当你遭遇挫折而感到忿闷抑郁的时候，向知心挚友的一席倾诉可以使你得到疏导。否则这种积郁会使人致病。除了一个

知心挚友以外，没有任何一种药物可以治疗心病。只有对一朋友，你才可以尽情倾诉你的忧愁与欢乐、恐惧与希望、猜疑与烦恼。总之，那沉重地压在你心头的一切，通过朋友的肩头被分担了。

友谊的奇特作用是：如果你把快乐告诉一个朋友，你将得到两个快乐；而如果你把忧愁向一个朋友倾吐，你将被分掉一半忧愁。所以友谊对于人生，真像炼金术士所要寻找的那种“点金石”。它既能使黄金加倍，又能使黑铁化金。实际上，这也是一种很自然的规律。在自然界中，物质通过结合可以得到增强。而人与人之间难道不也正可以如此吗？

爱情与友谊

◎ （法国）拉布吕耶尔

◆爱情和友谊互相排斥

在纯洁的友谊中，有一种平庸之辈无法领略的情趣。。

爱情是不假思索的感情，由于欲念或软弱，它猝然而生：爱人的一颦一笑使我们动情，使我们矢志不移。相反，友谊是随着时间、通过接触和长期的交往逐渐形成的。朋友间多年的默契、善意、情谊、关照和殷勤，有时却比不上一张漂亮的面孔或一只秀美的手刹那间的魅力。

时光的流逝加强友谊，却削弱爱情。

只要爱情存在，它就能依靠自身的力量，而且通过那些有时表面看来似乎应该使它熄灭的东西——如任性、冲突、别离、嫉妒，继续下去。

热烈的爱情较之完美无瑕的友谊更为常见。

爱情和友谊互相排斥。

经历过伟大爱情的人轻蔑友谊；而耕耘崇高友谊的人尚未为爱情贡献任何东西。

美酒与友情

◎ （德国）黑　塞

◆比名声、美酒、恋情和知性更能给我尊贵和幸福的是友情

失恋的创痛，使我养成喝酒的习惯。酒，对我的人生而言，比任何事物更具重要的意义。强烈甘美的酒神成为我忠实的朋友，即使现在也没改变。有什么比酒神更有强大的力量，比酒神更美妙、更具有幻想力与狂热？有什么比酒神更乐观、更了解忧愁？他是英雄、是魔术师；他是诱惑者，是罗斯神的兄弟。他能化不可能为可能，使哀苦的人心充满美妙的诗篇……酒就是那样的东西。但酒也有与其他高贵的赐物和艺术相同的地方。酒是大家所喜爱、需求、理解、劳苦之后所要获得之物，但能够正确适当饮酒的人并不多。酒也毒杀了许多人，促使人衰老，扼杀或消灭胸中的精神热焰，但每每为赴喜宴的宠儿，搭一座通往幸福之岛的虹桥。比名声、美酒、恋情和知性更能给我尊贵和幸福的是友情。改掉我与生而具有的忧郁性格，没有浪费青春时代，而能像朝阳般生气勃勃，只有友情才做得到。就是今天，我仍认为除了男人之间那种淡泊、高尚的友情之外，这世上什么更好的东西都不存在。而在寂寞的日子里，能像乡愁般让我回忆起青春时代的，完全是学生时代的友情。

朋友

(印度)奥 修

◆给予，是这么喜悦的一件事

朋友关系可以有两种类型。

其中一种就是在它里面你是一个乞丐，你需要从别人那里得到什么东西来帮助你解除寂寞，而对方也是一个乞丐，他也是从你这边要求同样的东西，很自然地，两个乞丐无法互相帮助对方。

不久他们将会了解，他们这种向另外一个乞丐乞讨的行为加倍了他们的需要。现在不是只有一个乞丐，而是两个乞丐，没有人有任何东西可以给予。因此每个人都感到挫折和愤怒，每一个人都觉得受骗了，事实上，并没有人在欺骗。没有人在骗你，因为你有什么东西可以给予呢？

另外一种朋友关系，另外一种爱，具有完全不同的品质。它不是来自需要，它是来自你具有那么多，而你想要与别人分享，一种新的分享的喜悦进入了你的存在。

你随着存在流动，你随着生命的改变流动，因为你跟谁分享是无关紧要的，他可以在明天也是同一个人，在你的一生当中都是同一个人，或者他也可以是不同的人。它不是合约，它不是婚姻，它只是因为你太充满了，所以你想要给予，所以不管是谁刚好在你身边，你就将它给予出去。给予是这么令人喜悦的一件事。

自我分解

◎ （法国）蒙　田

◆一切极端的东西都是没有匹配的

每个人把自己那么完全地献给他的朋友，以致他再没有什么可以分给另一个人，他抱怨自己不能分身，不能有几个灵魂和几个意志来完全献给他的几个朋友。

普通的友谊，我们可以把它区别开：我们可以与这个人为友，为他的风度；与另一个人为友，为他的学识；与第三个人为友，为他的慷慨；与第四个人为友，为他的兄弟一般的情谊；与第五个人为友，为他那慈父一般的挚爱，以及其他种种。如果两个朋友同时要你救助，你将奔向哪一个呢？如果他们要你所做的事性质正相反，你将怎样处置呢？如果一个把一件事交托给你的缄默，而这事让另一个知道却大有用处，你又将怎样解决呢？

至高的友谊压倒一切别的义务。我发誓不告诉别人的秘密，我可以毫不违反我的誓言去把它传给一个并非“别人”的人，因为他就是我自己。把自己一分为二已经是奇特的人，那些可以把自己一分为三的，简直不知道何其伟大。一切极端的东西都是没有匹配的。那个想象自己能够同样爱两个人，而这两个人能够像他爱他们一样互相爱及爱他的人，把一件最唯一的和最一体的东西变为无数的个体了。

鉴别人品的能力

◎ （英国）休 谟

◆唯有最精致的钟表才能把时刻的最小差别分辨出来

鉴赏力的敏锐精致，对于爱情和友谊是很有益的，因为它帮助我们选择少数人作为对象，使我们在同大多数人的交往和谈话中持一种不偏不倚的态度。在世上，鉴别人品的能力十分卓越的人是难得的，而对人品的种种差异和等级（这是人们挑选爱人或朋友的依据）全然麻木不仁的人也是少有的。一个人只要有适当的心智条件，就足以使人们接纳他，他们向他谈到自己的各种兴趣和种种事情，其坦率程度与他们对另一个人没什么区别，于是你就会发现许多人不过如此而已，没有他，人们也决不会感到空虚或缺了点什么。但法国一位著名的作家有一个比喻对我们是有用的。他说，判断力可以比做一座钟表，最普通的种表只能告诉我们钟点，这也就够了，唯有最精致的钟表能报出几分几秒，把时刻的最小差别分辨出来。一个对书本和人间知识有精细体会的人，他的亲密同伴必限于经过选择的少数人，他的乐趣便在其中，很少会超出这个范围。由于他的爱好影响限于一个小圈子里，如果他们水平一般，没有什么突出之处，他就会带动他们前进提高。同伴之间的欢乐嬉戏，会增进他们同他之间的友谊使之牢固，于是年青时代的热烈欲望就演变成为一种优雅的感情了。

德不孤，必有邻

◎ （古罗马）西塞罗

◆天下最愉快的事无过于相互关爱相互扶助

友谊是靠了美德而结合的。既如上述，那么凡是有德行的表现的时候，同类的人必感到气味相投，友爱之情便油然而生了。爱权位、名誉、华服、大厦等等死东西，对有美德并能以爱相报的活人反倒不爱，天下哪里有这样蠢的人？天下最愉快的事无过于相互关爱，相互扶助。情投意合，比任何事物的吸引力都大，最易结为朋友。所以好人必定乐于与好人相聚，其团结之坚固有如兄弟。因为人性是最喜欢追求同调的。人与好人缔交，其友爱之情是由天性流露而出，是非如此不可的。普通人都各有他们的长处。因为美德并非是冷酷傲峻的，美德是可以施之于众人的，如果你藐视一般民众，就无法谋团体的福利。

我认为那些错认功利为友谊基础的人遗弃了友谊的最可宝贵的一部分。使我们愉快的不是由朋友得到的物质的利益，而该是朋友的爱；如果我们因朋友的助益而得到愉快，其所助益亦必是基于诚挚的热心。因为缺乏什么而去结交朋友，是不对的；实际上是最拥有财富势力的人，尤其是有美德的人，才最喜交友，越不求人的人越要朋友；越慷慨越喜施恩惠的人才越要朋友。我觉得如果我的朋友永远不需要我的帮助，也不大好。假如我的朋友若是在家里或外面永远不需要我的劝告或帮助，我又怎能表现我的热诚呢？所以友谊不依赖利益，而利益倒要依赖友谊了。

界 限

◘ （美国）爱默生

◆唯一的罪就是界限

想起我的朋友，我就常因自己的缺点而自苦。如果他很高尚，有资格蔑视我，我就能爱他，我的情感就把我自己提升到新的高度中。一个人的成长可以从他朋友的相继不断的唱诗中看出来。他为真理失掉一个朋友，但他会获得一个更好的。我在森林中边散步，边想我的朋友们时，我就想，为什么我应该同他们玩这种偶像崇拜的把戏呢？在不愿装盲做瞎的时候，我清晰地知道、也清晰地看到那些被尊为高尚与有价值的人们的那些缺点。真理是悲伤的，当我们发现了人们的界限时，他们便不能再激发我们的兴趣了。唯一的罪就是界限。你一旦发现了一个人的界限时，他同你的关系就结束了。他有天才吗 y 他有胆识吗？他有知识吗？这都没有用。昨天他对你具有无限的诱惑力，他是一个伟大的希望，是一片可以游泳于其中的大海；现在你发现了他的岸边，发现这海只是个池塘。现在你觉得，即使你永远不再看见它，你也不会引以为憾的。

我们在思想中每往前走一步，这一步就和许多表面上不相协调的事实（作为一个律则的许多表现的事实）归于一致，亚里士多德与柏拉图被认为是两个学派的领袖。聪明人会看到，亚里士多德在柏拉图化。在思想中再回走一步，不相协调的意见一致了，这些意见只是一个原理的两端。我们永远不能往后走得太远，以致妨害了一个更高的幻想。

朋友有信

◎（古罗马）塞涅卡

◆有些人担心被骗，可正是这种担心令别人欺骗他们

你当然应该和朋友讨论一切，但在这之前，你要在心中讨论一下其人本身，一旦建立友谊关系，就必须信任他；这之前则应对他加以鉴定。有的人先把某人当做朋友，后来又对某人品头评足，这显然是本末倒置。是否值得同某人交朋友要深思熟虑，一旦作出交友的决定，就要全心全意地欢迎他，同他谈话要忠诚坦率，就像同自己谈话一样。但在某些问题上务必保持沉默，你应该同朋友商量的，只是你个人的烦恼和个人的思虑。你该如此生活，简直不在话下。只要把朋友看做是忠诚的人，你也就会使他成为一个忠诚的人。有些人担心被骗，可正是这种担心令别人欺骗他们。他们由于多疑也就给了别人欺骗他们的权利。和朋友在一起时，我还有什么可隐瞒的？在朋友们之中时，我为什么还要把自己设想为孤独者？

有些人把只该对朋友讲的事告诉路人，随意向任何一个人倾诉衷肠；有些人则羞于向最亲近的朋友公开隐私，假如能够的话，甚至不想让自己知道深深地埋在心中的秘密。这两种人我们都不可效法。信任每一个人和不信任任何人一样，二者同样都是错误的（虽然应该把第一种态度叫做过于高尚的态度，第二种态度叫做过分保险的态度）。

坦　白

◎（英国）罗勃·利恩

◆坦白是诚实和勇气的产物

坦白是诚实和勇气的产物。在各种场合上你想做什么就做什么。朋友要求帮忙，你应义不容辞，只要他的要求合理；倘不合理，坦直地向他说明你为什么爱莫能助。你用任何遁辞推托都是自误误人。

切勿做错事以求友或维持友谊。要求你这样做的人是在叫你牺牲自己以赢得他的欢心。不卑不亢地跟你所有的同伴交往。你会发觉这方法最实用。最重要的是，不以虚伪的面目待人。

如果你对某人不满，把怨言向他诉说，勿向别人抱怨。最危险的尝试莫过于当着人家的面承诺一事，暗中却另作打算。

友谊的整补

◎（英国）莫　尔

◆友谊是买不到的，但却能够失去

你不能把友情视做当然，它需要经常整补。试把两个手指交叉起——甚至亲密如手指也会断了联系。它们会渐渐离开。友谊是买不到，命令不来的，但却能够失去。所以，它必须经过重温。它需要不时地，而且永远不能过迟地加以重温。

我认为，整补友谊的方法细节并不重要。健全的友谊是由许多无名的动作构成的。最重要的是意向——保持一种值得保持而且是基于相互爱护的精神上的意向。这种意向发生在人们想念、误解、忍让的时候。这些都是分享友谊的方式。

世界上再没有比友谊更重要的东西了。你如果保留了一个朋友，便增加了一份生命的丰饶与价值。

友情的破裂

◎ （瑞士）希尔提

◆破裂的关系继续下去只会使事态更严重

所有真正的朋友关系，都要通过一个危机。这个危机常在朋友关系缔结不久之后出现，尤其是在彼此失望想要解除朋友关系时，或者当彼此的幻想破灭时，更容易发生。

如果双方的心灵都很高洁，彼此的不和谐不是因为性格上的缺陷（特别是卑怯和出卖对方）；而是因为意见不同时，遭遇这种风暴的双方通常能努力去避开一切的暗礁，使友情更紧密，更能关怀对方。

但若是任何一方露出卑鄙的禀性及漠不关心的态度，不理睬对方所遭遇的不幸，甚至误解或攻击对方，如果实在没有什么其他的办法，最好的方法就是中止这种已经产生裂痕的关系，或者是表面上继续维持下去。

破裂的关系继续下去只会使事态更严重，而且其幻灭感也会演变成永远无法消除的毒害生命的不愉快想法。所以，适当的做法，就是解除这种不真诚的关系。

对友情的遗骸而言，我们无论何时都有义务去遵守礼节上的送葬仪式。这是所有真正友情的必要体验，也是一项虽悲恸莫名却不能或缺的试练；而且与其一天一天地拖延下去，不如早一点进行才适合时宜。因为这个风暴一旦过去，就是再次获得友情的最佳果实收成的时刻。

道不同或可为谋

◎ （古罗马）塞涅卡

◆让人们知道，同你来往是不会有危险的，与你握手言和则是既容易又可靠的

想想那些引诱人去杀人的东西吧，你会发现那些东西是欲望、妒忌、仇恨、恐惧和轻视。这里面轻视危害最小，不少人实际上一直是以它为庇护来保护自己。因为一个人若是轻视某人的话，他只不过是鄙视那人罢了，而不会置他于死地。绝没有人会对他自己轻视的人采取没完没了的伤害。谈到欲望，只要你并非拥有可能会唤起别人的贪婪或占有欲的东西，只要你没有收藏稀世珍宝那种占有者的欲望，你就不必担忧。妒忌也是你能够躲避的，只要你从不逗引别人注意你，不去炫耀自己的财产，只要你学会把秘密深藏在自己的心底。仇恨或是因为

得罪人而招致的，只要你不蓄意惹人生气，这也可以避免；至于不担惊受怕，那么适度的财产与随和的天性能确保你做到这一点。你要让人们知道，同你来往是不会有危险的，与你握手言和则是既容易又可靠的。

剩下的就是轻视了。一个与轻视结盟的人，一个因为愿意被人轻视而由此被别人所轻视的人，是能够掌握轻视的分寸的。只要一个人具有可贵的品质，并且还有一些有势力的朋友，这些朋友又足以影响到某个有相当影响的人物，那么轻视的不利作用就不存在了。这样有势力的朋友是很值得交往的，不过不要同他们交往过深，以免他们的保护使你付出的代价比原先的危险所可能给你造成的损失更大。

创造和睦的气氛

◎ （英国）莱·亨特

◆就待人接物而言，热情友善应被奉为至理

在某些社交场合，一些人唯诺谦卑，手欲伸欲缩，游移不定，好像是手指发炎溃烂，羞于现丑。遇到这种谨言慎行之人，你只好打破一般的礼仪，与其握手加倍热情。因为别人为你们双方作了礼貌的介绍，而且接下来，你还得同这个场合的其他人一一握手，所以，哪怕仅是出于礼貌，你也应当同他有一番热情相握。可他的手却欲伸还缩，像是怕你对他施行恶作剧。你不得不伸手拉住他，但握手的动作仅出自于你自己。对方的手不知为何只有矜持，甚至显得忧郁。手既已握住，那无论尴尬也好，拙笨也好，都只有机械地履行完这个过程。

诚然，握手时的热情并非全然出自真诚，但它至少创造了和睦的气氛。倘若要将真诚与和睦区分得泾渭分明，那么，和睦总还是胜于引人不快的真情。同时，要辨清某人的举止是否出于真诚，远比同人友善相处困难得多。况且就待人接物而言，热情友善应当被奉为至理。肯定这一点，就算悟出了令人愉悦的处世立身之道。无论接人待物，还是修生养性，择此即为上策，也最符合生活逻辑。不善与人握手常被视做稳重谨慎，可是，事实并非如此，除非那种稳重是源于傲气。对不愿握手的最合理的解释，是缺乏殷勤灵动。细究起来，它仍源于傲气。生硬刻板本身，就意味着某人的傲慢或对他人缺乏信任。

提出劝告的方法

◎ （英国）艾迪生

◆最为人们所欣然乐从的一种，无过于寓言

谈话时，我们最难于接受的便是规劝。我们往往把别人提出的劝告视做对自己看法的一种渎犯，认为是把自己当成儿童或愚人看待。而事实上，那些进言的人，至少在这点上，也确乎比我们高出一筹，他之所以要进行规劝，无非因为相比之下，他认为我们在行为抑或认识上确有某些不足。唯其如此，使劝谏乐为人所采纳便成为极难的艺术。实际上古往今来的无数作家，其间的相互消长，与他们在这门艺术上的造诣不无关系。试想为了使这服良药不苦口，人们曾经尝试过多少方法？或依赖于优美的文词，或凭借于动听的韵律，或乞巧于警策的谈吐，或借势于简练的箴言，使自己的意思，能够达之于人。

然而在所有上述种种进言方法之中，我认为最为有效的一种，也即是最为人们所欣然乐从的一种，无过于寓言，不拘这寓言以何种形式出现。这种方法之妙，只须稍加思索，便不难明白。首先，阅读寓言之际，我们往往不觉自己在受人指教，而是自己在教自己。我们阅读某人的书，不过是在读故事而已，书中隐含的规箴劝戒，则只是我们自己得出的结论，而非出自于作者的传授。于是书中的种种道德教训遂入人于无形，我们受教于非所预期，进德益智于不知不觉。总之，借助于此法，人之茅塞既经洞开，自己在引领自己，而不觉受益于寓言作者之开导，因而也不易唤起那种在听人劝说时的不悦之感。

知耻律己

◎ （古罗马）塞涅卡

◆不知自我约束的人在生活中将会波折不断

最能帮助你的习惯是沉默。与别人的交谈要尽可能地少，要尽可能与自己交谈，因为交谈本身具有一种魅力，它是一种狡诈的、具有暗示作用的东西，它像爱情与烈酒一样，能把秘密从我们的心底诱骗出来，没有人能对自己听到的东西守口如瓶，也没有人在转述自己所听来的东西时毫不添油加醋。不能对传说内容保密的人，也决不能保证不泄露传言者的姓名。每个人都有自己可以无话不谈的人，都会把别人告诉自己的一切向这个人泄露。

不做使他人受屈的亏心事足以使你心绪宁静，不知自我约束的人在生活中将会波折不断，纠纷丛生。他们时刻处在惊慌恐惧之中，无法轻松下来，其程度与他们对别人的伤害成正比。他们每次做了亏心之事以后，都是先感到恐惧，然后麻木不仁，而良心却仍然要求他们给予回答，使他们不得安宁，无法从事别的活动。预感到惩罚也就是在罹受惩罚，做了该受惩罚的事就一定会有受惩罚的预感。某种境况可能使昧心人免受惩处，但不能使他免去焦虑，得到自由。因为他知道即使自己的罪行尚未被发现，也总有被发现的可能。他睡不安稳，每当谈及别人的罪行时，他就会想到自己的罪行，他觉得自己的罪行好像隐藏得很不妥当，难以从人们的记忆中消失掉。犯罪的人有时能够侥幸逃脱惩罚，但他决不会有这种信心的。

“教养”使人不平凡

◎ （英国）休 谟

◆精致的教养会教导人们把天生的倾向对立起来

无论自然赋予我们的心灵什么恶的倾向，或赋予什么能使别人喜欢的情感，精致的教养会教导人们把这些天生的倾向对立起来，使它们引起的举止保持某种不同于自然天性的有情趣的外貌。因此，即使我们通常都是骄傲和自私，容易自以为比别人强的，一个懂礼貌的人还是会在举止上尊重他的同伴，在社会上一切无关紧要的共同事务上服从大多数人的意见和行为。同样，如果一个人的地位会很自然地给他招来对他某些使人不快的怀疑，那么有好的姿态风度就能预防这类事情的发生；这就需要针对使他容易受人嫉妒的地方，仔细研究怎样表示和展现自己的感情。老年人知道自己衰弱无力，很自然害怕年青人对他们轻视，所以受到良好教育的青年格外注意多多向他们的长辈表示关心和敬重；陌生人和外来人缺少保护照料，所以在一切讲礼貌的国家里他们受到最高的礼遇，在各种场合都要首先提到他们；一个人如果身为一家之主，他的客人就以一定方式尊重他的权威，所以他在聚会时就永远是一个最卑微的人，要关照每个人的需要，把一切麻烦事揽在自己身上，以便使客人感到愉快，这样做的时候他不能明显地流露出任何厌烦情绪，或者做得过分使他的客人感到拘束。

明　理

◎（古罗马）奥勒留

◆人是为施行仁爱行动而被创造的

当什么人的无耻行为触犯你时，直接问自己，这世界上没有无耻的人存在是可能的吗？这是不可能的。那么，别要求不可能的事吧。因为这个触犯你的人也是那些必然要在这世界上存在的无耻的人中的一个。当你碰到骗子、背信弃义的人以及一切以某种方式行恶的人时，也使同样的思想在你心中呈现，因为这样你可以马上提醒自己，不存在这种人是不可能的，你将变得对每一个人的态度都更为和善。在这种时候，马上领悟到这一点也是有用的：即想想自然赋予那对立于一切邪恶行为的人以什么德性。因为自然给了人某种别的力量，作为抵制愚蠢的人、疯狂的人以及另一种人的解毒剂。在任何情况下，你都有可能通过劝导迷路的人而纠正他们，因为每个做错事的人都是迷失了他的目标，走上了歧途。此外你还有什么地方被损害了呢？因为你将发现在那些触犯你的人中，没一个人做了能使你的心灵变坏的事情，而那些恶的东西和损害只是在心灵里才有其基础。如果没有受过教育的人做出一个无教养的人的行为，有什么值得奇怪呢？考虑一下是否你还不如谴责自己，因为你没有预先就料到这种人会以这种方式犯错误。因为你本来有理智给予的手段去假设他犯这种错误，而你却忘记了使用，还奇怪他所犯的错误。在大多数你谴责一个人是背信弃义或忘恩负义的场合，都可以转而这样责备自己。因为这错误也可以说是你自己的，你可能是相信了一个有这种倾向的人将遵守他的诺言；或者是你在赐予你的善意时并没有绝对地赐予，也不是以那种你将仅仅从你的行为中获得所有利益的方式赐予。当你为某人做出某种服务时还想得到更多的东西吗？你不满足于你做了符合你本性的事情，而还想寻求对它的酬报吗？就像假如眼睛要求给观看以酬报，脚要求给行走以酬报一样吗？因为这些身体的部分是因为某种特殊目的而造就的，通过按照它们的各自结构工作而获得属于它们自己的东西；所以人也先天就是为仁爱行为而创造的，当他做了仁爱的行为或者别的有助于公共利益的行为时，他就是符合他的结构而行动的，他就得到了属于他自己的东西。

生命最高的价值

◎ （印度）奥　修

◆爱就好像一朵花，它很容易被石头压碎，被外界摧毁

这是生命基本的法则之一：任何较高贵的东西都非常脆弱；树木的根非常强壮，但是花则不然。花非常脆弱，只要吹来一阵强风，它就会被摧毁。人类的意识也是如此，根非常强，但是爱则不然。爱就好像一朵花，它很容易被任何石头压碎，被任何动物摧毁。 生命更高的价值必须受到保护。较低的价值本身就已经具有某种保护。石头不需要被保护，但是在它旁边灌木丛里的玫瑰花就必须受到保护。石头是死的，它不可能变得更死，所以它不需要被保护。

但是玫瑰花那么活生生、那么美、那么多彩多姿、那么吸

引人，那就是它的危险，那也是它的力量，但是它却招来危险，或许有人会将它摘走。没有人会带走石头，但是花可能被摘走。

家庭之爱

◎（英国）罗　素

◆爱是一个含有多种情感的词

只有纯粹本能的爱不受思想的抑制。不经精神的教导，这种爱是排外的、无情的和不公道的。

父母之爱的本身，能够促使有精神生活的父母，把正义的感觉、服务的志愿、对于他人的尊敬、控制自私自利的意志等他认为比个人的成功更好的事物传授给他的子女。

爱是一个含有多种情感的词。我有意选用这个词是想把这些情感一并包括在内。我现在论及的是作为情感的爱。因为依我看，“讲原则的爱”是不纯真的——这种爱是在两个极端之间游移：一方面，纯粹是冥想中的愉快；另一方面，纯粹是仁慈。

最充实的爱是愉快与良好的愿望这两种因素不可分割的结合。父母喜爱美丽而有成就的子女，就把这两种因素结合起来了。没有良好的愿望，愉快也许是残酷的；没有愉快，良好的愿望则容易冷酷而近于傲慢。希望被人爱的人，总希望成为包含这两种因素的爱的对象。

家庭教育

◎ （英国）培 根

◆智慧之子使父亲欢乐，愚昧之子使母亲蒙羞

作为父母，特别是母亲，对子女常常会有不合理的偏爱。在家庭中，最大或最小的孩子都可能得到优待。唯有居中的子女容易受到忽视但他们却往往是最有出息的。

在子女小时不应对他们过于苛吝。否则会使他们变得卑贱，甚至投机取巧，以至堕入下流，即使后来有了财富也不会正当利用。聪明的父母对子女在管理上是严格的，而在用钱上则不妨略为宽松，这常常是有好效果的。

意大利风俗对子女和侄甥一视同仁，亲密无间。这是很可取的。因为这种风俗很合于自然的血统关系。许多侄子不是更像他的一位叔、伯，而不像父亲吗？

在子女还小时，父母就应当考虑他们将来的职业方向并加以培养，因为这时他们最易塑造。但在这一点上要注意，并不是孩子小时所喜欢的，就是他们终生所愿从事的。如果孩子确有某种超群的天才，那当然应该扶植发展。但就一般情况说，下面这句格言是很有用的：“长期的训练会通过适应化难为易。”还应当注意，得不到遗产继承权的子女，常常会通过自身奋斗获得好的发展。而坐享其成者，却很少能成大业。

解 放

◎ （荷兰）伦纳·阿伦迪

◆孩子离开了他所从属的团体，背弃了这个团体的爱

父母深信他们对其子女握有权利，这就是说，孩子们在某种程度上是属于他们的。没有人同他们争论这一特权，只要孩子们还小；然而当孩子们达到结婚年龄时（如果他们想要结婚的话），就产生许多社会问题，第一个问题就是孩子摆脱父亲的监护。结了婚的人不再从属于父亲的权威，这对于保持社会的平衡来说是必要的。实际上不言而喻的是，许多年轻人，特别是少女，看到为了使自己从家庭中解放出来，除了结婚，别无他途。这样，孩子们性生活的正式开始就废除了父母原先的权利。自然，父母会以任何可能的方式阻碍这一点。

事实上，家庭很难赞成这种婚姻。尽管它必然反对这种结合，但它不能加以控制。它确认孩子偷偷地避开了它的权威；孩子离开了自己从属的团体，背弃了这个团体的爱。许多母亲事实上认为，她们的儿子没有权利爱另一个女人，除了她们之外；这一观念在她们看来多么地不言而喻，以致她们表明这种观点时没有任何克制和羞怯。

错误的开始

◎ （印度）奥　修

◆所有的人都在要求：“给我们爱。”

每一个人都想要被爱，那是一个错误的开始。

它之所以开始是因为小孩不能够爱，他不能够说什么，他不能够给予任何东西，他只能够获得。

小孩子所经验到的爱是获得的爱——从母亲那里获得、从父亲那里获得、从兄弟姊妹那里获得、从客人和陌生人那里获得，他一直都是获得。所以最初的经验深深留在他的潜意识里，认为他必须得到爱。

但是如此一来，问题就产生了，因为每一个人都曾经是小孩子，而每一个人都同样想得到爱，没有一个人以任何其他的方式被生下来，因此所有的人都在要求：“给我们爱。”然而没有人给予，因为别人也是以同样的方式被带大的。

所以一个人必须明白这一点：这初生的偶发状态不应该经常停留在你的头脑里，与其要求说："给我爱。"倒不如开始给予爱，忘掉获得，而只是给子。内心里面都永远会是一项成功。

不自私的给予，是获得快乐的最有效率的方法。因为如果能够做到这一点，你所领悟的已经不是自我，而是永恒；你已经感觉到生命和爱，而现在的你，要比没有开始实行这项计划之前的你伟大得多了。

同情别人

◎ （瑞士）希尔提

◆只有同情，才是强有力、温暖、生动活泼的感情

不论多么通晓世故的人，只要他不能同情别人，通常很容易变成轻蔑或惧怕人类的人。不想成为这种人的我们，所要遵守的不是理性或爱，而是单纯的同情。

所谓普通的人类之爱，无非就是同情。不然的话，人类之爱便只不过是漠不关心的心理准备而已。

只有同情，才是强有力、温暖、生动活泼的感情。那绝对不是傲慢地轻视别人的心情，也不是看到别人的不幸而高兴的幸灾乐祸心情。因为同情，就是“患难与共”。

能把别人的痛苦当做自己的痛苦，就会涌现出对别人伸出援手的真正冲动。刻意的情绪高涨，只能得到微小的兴奋作为结束。

推己及人

(英国) 毛　姆

◆我们要容忍他人，如同容忍自己

很奇怪，我们看待自己的过错，往往不如看待别人的过错那样严重。我想，大概是因为我们对自己犯过错的背景了解得很清楚，对于别人的过错当然不能原谅，对自己的就比较容易原谅，我们常把注意力集中在人家的过错上。即使有时不得不正视自己的过错，也总觉得是可以宽恕的，这是因为无论我们自己是好是坏，我们必须容忍自己。

可是轮到我们评断他人，就不同了。我们用另外一副眼光，往往使旁人体无完肤，一点不留情面。且举一个小小的例子：假使我们发现了旁人说谎，我们的谴责会何等严酷！可是哪一个人能说自己从没说过一次谎？也许还不止一百次呢！

人性混合着伟大与渺小，善与恶，崇高与卑微，我们彼此都差不多。也许有些人性格较强，机会较多，因此可以更自由地表现天性，但骨子里的人性是相同的。就以我来说，我也不会比大多数人更好或更坏，假使要我把日常生活中每一行动，脑海中的每一意念都记录下来，则世人一定说我是品格堕落败坏的魔鬼。明白这个道理，会使我们容忍他人，如同容忍自己。

同时，责己固然不必太严，对于他人的过错，即使是名闻天下的贤达主人，在谈论这些时也常常带几分幽默感。

止于至善

◎ （俄国）托尔斯泰

◆行善不需要金钱而需要勇气

每当有人问我“如何服务他人？”的时候，我会这样回答：“对别人行善，不是捐钱给别人，而是行善。”行善，通常被人们认为是捐钱。但是在我的心目中，行善和捐钱不仅是完全不同，几乎是相反的两件事。金钱本身就是一种罪恶，捐钱就如同行恶。把捐钱当做行善的错误想法，或许在人们行善之时，可以让人们逃离拥有金钱的罪恶感，然而捐钱的举动，却只能稍微让人们减少一点罪恶感。真正的行善，是为别人做好事。为了了解对别人来说什么事是好事，我们必须在人与人之间，建立亲密的关系。所以，行善不需要金钱。最重要的是，我们要有勇气，暂时抛开生活上没有意义的一些习惯。

不要老是担心衣服和鞋子会不会弄脏，不要害怕蟑螂或虱子之类的小虫子，也不要惧怕伤寒、白喉或天花。我们要做的，是亲近衣着褴褛的人，坐在他们的床边与他们闲话家常，让他们感觉到我们一点都不装模作样，一点也不骄傲，而且尊重他们敬爱他们。我们必须在为达到这个目标而舍弃自我的过程中，探索人生的意义。

喜爱善

◎（瑞士）希尔提

◆怠于行善是人极其重大的缺点，且恐怕是人类所有缺点中最大的一个

对行将就木的我而言，所有的享乐以及世上的美、名誉、艺术、学问、教养……不！不只这些，连人生全部的活动和目的，以及所有宝物和价值，都不是那么重要了。因此，我无法详细地告诉你，什么东西不值得你认真地追求。

但只有一个例外，那就是对善的喜爱和对人类的真诚。

在地上的所有一切都幻灭前，那人生最后觉醒的瞬间，能够知道："不管怎么说，我的归结都是喜爱善，轻视恶，而对善良的人竭尽忠诚。"这种人是真实地度过一生的人。

怠于行善是人极其重大的缺点，且恐怕是人类所有缺点中

最大的一个。但大多数的人，不管对自己或对别人，都不太重视这个缺点，因为这个缺点是被动的，且不太容易被识破。

一个人只要够贤明的话，就会希望寻求行善的机会。然而事实上，许多人却宁可避开那样的机会。

相反地，如果眼中看不到任何“善”，也不想行善，这样就已经无异于生活在人间地狱中。可惜大多数人都是空有宝贵的生命，而在此地狱中醉生梦死地度过一生。

“爱”的深泉

◎ （法国）罗曼·罗兰

◆连接灵魂与灵魂的伟大奇妙的爱

现代最大的罪恶，是抽象的人类之爱——在遥远某处的非人格之爱。

爱不认识的人，爱绝不会碰面的人，其实是很简单的，不仅没有任何牺牲的必要，同时还可以完全满足自己良心的虚荣！

这就是良心吗？不！不是这样，而是应该去爱邻人，爱与我们共同生活且为我们带来麻烦的人。

连接灵魂与灵魂的伟大奇妙的爱！

爱独立于社会法则之外，甚至独立于自然法则之外。然而，知道这点的人实在少之又少，而敢于发扬这点的人则更少。

人们害怕粗暴的伙伴。世人却喜欢快速的判决，而且只懂得因袭粗略语言的意思。在所谓道德当中，爱被束缚在性、年龄与社会阶级上，并且根据是否符合必要的条件，来判断是否自然，是否正当。但是那只不过是取自“爱”的深泉的一瓢水而已。

爱是在时间和空间里，与所有的一切远离而形成的，它超越世纪，连接生者与死者的思想，用紧密清澄的绳索，连接年轻人与老人的心。在父亲与孩子们之间，时而会有他们意识不到的这种关系存在。

心灵的拯救

◎ （德国）马丁·路德

◆人并非单为他一个人生活于这会朽坏的身体中

人有双重的本性，一个心灵的本性和一个肉体的本性。就人们称做灵魂的那个心灵的本性来说，他被叫做属于灵魂的、内心的、新的人；就人们称做肉体的那个形体的本性来说，他被叫做属于肉体的、外在的、旧的人。

就像树必须先存在于果实之先，就像果实并不使树为好或为坏，同一种树结出一种果实一样，人在能够做一件善的或恶的行为之先，他的人格必须先是善的或恶的；他的行为并不使他的人格成为恶的或善的，只是他自己使他的行为恶或善。

人并非单为他一人生活于这会朽坏的身体中，为它的缘故而工作。他也是为尘世上一切人而生活的；不仅如此，他活着，只是为了别人，并非为了他自己。因为正是为了这目的，他才要压服他的肉体，以使他能够更为诚笃地、更自由地为他人服务。

我们非难“事功”，并非由于它们自身的缘故，而是由于加在它们之上的不敬，和想要凭它们求得释罪的那种乖张的意念。这些使它们只在外表上成为善的，在实质上却并不是善。因为人用它们自欺欺人，如披着羊皮到处劫掠的狼一样。

当一个人充满了喜乐和爱从事属于他心甘情愿、别无所求地为他人做的那种最自由的服役，而自己极度满足于他自己内心的丰富和充实之时，这就产生了借着爱而工作的信仰。

我的梦想

◎ （美国）马丁·路德·金

◆充满光辉的一天必将来到，晨星将会相对歌唱

我在梦想，有朝一日人们会高尚起来并认识到，造物主之所以让他们降生就是为了让他们像兄弟那样共同生活；我今天早上还在梦想，有朝一日能够根据一个人的品格而不是按照他的肤色来评价这块国土上的每个黑人及世界上每一个有色人，每个人都能尊重人格的尊严及价值；我今天还在梦想，有朝一日阿巴拉契亚无事可做的工业将重新复活，饥肠辘辘的密西西比人将会吃上饱饭，博爱将具有更多的意义而不只是祈祷结束时的一句话，将是每个立法者议事日程上十分紧迫的业务；我今天还在梦想，有朝一日法律能够实现公开化，清明如水，正义能够强大得如同大河；我今天还在梦想，选进我们议会厅和

市政厅的人都将会申正义，施恩惠；我今天还在梦想，有朝一日战争将会结束，将士们铸剑为犁，锻矛为镰，没有人向别人举剑动刀，也没有人练兵习武；我今天还在梦想，有朝一日羔羊将会与猛狮同眠，每个人都能毫无恐惧地住在自己的葡萄树下和无花果树下；我今天还在梦想，有朝一日所有的山谷都能升高，一切山丘都会降低，不平处变平，不光处变光。只要胸怀这种信念我们便能在绝望中找到出路，并能给悲观主义者的暗室带来光明。只要胸怀这种信仰，我们便能使世界早日实现和平。充满光辉的一天必将到来，晨星将会相对歌唱。

写给少女的话

◎ （美国）华盛顿

◆爱情应当由男方宣布，不能出自女方的任何请求，这种爱情始能长久和有价值

一个才貌双全的女子，方其未倾心于人时，能使周围的异性神摇目眩，如醉如痴。如若在其结婚之后，结果何似？狂热消失，一切重归于平静。原因所在并非她的容颜与魅力有所衰退，而是向她求婚的希望已不复存在。因此，爱情是可能而且应该受到理智的指引的。

当爱火开始燃烧，你心中充满柔情时，问问你自己，谁是你心灵的闯入者？你完全了解他吗？他有优秀的品格吗？他是一个通情达理的人吗？一个聪明的女人和一个笨蛋共同生活无幸福可言。他的职业是什么？他是赌徒、纨绔子弟或酒鬼吗？

他的财产足够维系你已习惯的生活吗？你的朋友对他有反感吗？上述疑问都令人满意地回答后，仍有一个重要问题，即你有充分根据认为你占有了他的全部爱情吗？如果没有，多情的心就要与单恋的感情搏斗。矜持、习俗或其他阻止你这一方面去取得进展。爱情应由男方宣布，不能出自女方的任何请求，始能长久和有价值。有高尚的观念和大方的举止就不会过分拘谨或过分轻浮。举止轻浮的女人用眼神、言词和动作引别人求爱，然后加以拒绝，其最后的惩罚往往是在孤寂中老去。这样说可能与事实不会相距太远。

暗恋

◎（德国）黑　塞

◆我的困惑苦恼变为同情，然后变为沉默

在学校的最后一年时，我暗恋上一位可爱的女孩。没有常常见面，也没有很想见她的念头，完全像做梦一样，品尝初恋的甜美悸动，也深为这感情所苦。另一方面，像恋爱般的音乐，让我兴奋得夜不成眠。当时，我捕捉住浮上心头的旋律，试着写出了两首短歌。虽觉得有点不好意思，但整个身心浸透着一股快感，几乎忘掉恋爱的烦恼。不久，听说她去学声乐，很想听听她唱的歌。过了几个月，我的希望总算达成，那是傍晚时分在我家餐会时听到的。可爱的女孩被要求唱歌时，虽再三推辞，结果还是不得不同意，而我却怀着异常紧张的心情等待着这一时刻的来临。一位绅士以箱型的小钢琴伴奏，当他弹了两三节时，她开始歌唱。唉！她的歌声实在难听，难听得令人为她感到可悲。在她唱歌时，我的困惑苦恼变为同情，然后变为沉默。此后，我便解除了此恋情而心胸舒坦。

浪漫爱

（英国）罗　素

◆浪漫的爱是生活赋予人类的最大的快乐源泉

男人们相信：具有极高价值的女人是难以得到的，所以我认为，如果一个男人不费力就能得到一个女人，那么他对她的感情就绝不会采取一种浪漫的爱的方式。中世纪时浪漫的爱，男人的目标不是那些可以和他发生合法或不合法的性关系的女人，而是那些与她们的浪漫的情人有着不可逾越的道德和风俗上的障碍的极有尊严的女人。

浪漫的爱是生活赋予人类的最大的快乐的源泉。如果男女之间的爱有热情、幻想和柔情，那么在这种关系中就存在着不可估量的价值。不了解这一点，对于任何人都是巨大的不幸。我认为，重要的是，社会制度应当允许这种欢乐，虽然它只能成为人生的一部分，而不能成为人生的主要目的。

在浪漫的爱中，往往不能将爱的对象看得很准，而不过像是在迷雾中观望一般。毫无疑问，某种女人甚至希望在结婚之后，仍可置身于这迷雾中，她只有真正避免了和她丈夫的亲密交往，而且保守住内心的思想和情感，以及身体的秘密，才能达到这一目的。然而，这种作法使婚姻无法实现它最高的可能性，因为这种可能性所依赖的是完全没有幻觉的热烈的亲昵行为。

信 任

◎（印度）奥 修

◆在信任当中，你永远会去找你自己的错误；在爱当中，你永远会去找你爱人的错误

当你说“我爱你”的时候，那并不是一种臣服，那并不是准备要被融入那未知的和不可知的空间里。当你说“我爱你”，你是站在平等的地位，站在具有某种侵略性的平等里面。

但是当你说“我信任你”时，那是一种很深的臣服、一种敞开、一种接受、一种对你自己和对宇宙的宣称：“现在即使这个人把我带进地狱也没有关系，我信任他。如果它对我而言看起来像地狱，那一定是我的看法有错误，他不可能带我到地狱去。”

在信任当中，你永远会去找你自己的错误。

在爱当中，你永远会去找你爱人的错误。

在信任当中，虽然没有说出来，但是你一直都处于一种抱歉的状态："我是无知的，我是昏睡的，无意识的。我有可能说错话或做错事，所以你要对我仁慈一点，慈悲一点。"

信任中隐含着很多东西，它是如此的一个宝物。

变爱的谋划

◎（法国）萨　特

◆爱，就其本质来说，就是使自己被爱的谋划

恋爱者要求的，就是被爱者将他当做绝对的选择，这意味着被爱者的存在应该是为着恋爱者的存在，被爱者的出现应该是恋爱者的自由选择。

被爱者不能希望去爱，因此恋爱者应该诱惑被爱者，而且他的爱情与诱惑的事业是一回事。

诱惑只能以矫揉造作的面目出现。应被“占有”的对象的特性决定了这一切，恋爱者的诱惑也许决定了恋爱者将冒险去征服被爱者。

在被爱者那里，爱情只能从他在别人心目中的异化和他曾经给予别人的体验中产生。

爱就其本质来说就是使自己被爱的谋划。

任何一个恋爱者，当他要排除一切情敌，使自己被情人爱的时候，他完全是这个情人的俘虏，但是同时，每个人都向情人要求一种不能还原为“被爱之谋划”的爱情。

就爱情是被爱的要求而言，它要求在其中体现自我并要求自由，因此恋爱是一个摹拟的逃离别人的自由，一个作为自由而祈求它的升华的自由。

不能承诺的

◎ （德国）尼　采

◆行动可以承诺，感情却无法加以承诺

能够承诺的东西——行动可以承诺，感情却无法加以承诺。

毕竟感情这种东西太复杂了。一个人如果向谁承诺要永远爱他，永远恨他，或永远对他忠实，这明明是在虚应别人一项自己无法做到的事情。

但是，如果另有别的企图，表面上，他依然可以终生地爱你、恨你和对你忠诚，因为在同一种行动当中，可能包括着为数可观的动机。

答应人要一辈子地爱他，不只是爱，还得有爱的行动；亦即纵使不再爱了，由于别的企图，说不定依然会同样地有爱的表现。于是，在别人脑海中，这一份爱仿佛是永远不变的。换句话说，当有人指天发誓说他对你的爱此生不渝时，他是在发誓说他永远在表面上爱你。

教师的三种类型

◎ （法国）卢 梭

◆我们生来是软弱的，我们生来是无助的，我们生来是愚蠢的

植物通过培植而生长，人通过教育而成长。如果人生来是强大的，那么体格的成长和力量对他来说，在他学会利用它们之前，就是毫无用处的。它们甚至使他处于不利地位，因为他人就不会想到去帮助他，而完全由他自己去安排自己，他就不得不死于穷困，而从不知道自己需要什么。人们抱怨童年时期的状况，但是人们没有看到，如果人不是起于儿童的话，人类种族就会灭绝。

我们生来是软弱的，需要力量；我们生来是无助的，需要礼仪；我们生来是愚蠢的，需要理解我们在诞生时所缺乏的、

而在我们长大成人时都需要的。这一切，将通过教育而归我们所有。

我们从天性或人或物那里得到这种教育：我们的能力和我们的器官的内在发展是通过天性的教育。教导我们对这些能力和器官的应用是通过人的教育。获得我们自己同刺激我们的对象的体验是通过物的教育。

所以，我们中间的每个人都受到这三种类型的教师熏陶。各种不同的教育在其身上发生抵触的学生是教育不好的，学来的知识将永远不会同他融为一体。那些内心不存在矛盾、一切都按一个目的配合的学牛，是唯一能达到目的并且坚定地生活的人。唯独他是受到正确教育的。

读书要则(一)

◎ （瑞士）希尔提

◆读各个时代的书

谈到读书的重点，只有三个极简单、不言而喻的规则：第一，广泛、有规律地阅读。第二，只阅读好书，坏的和无益的书籍一本也不看。第三，用正确的方式读好书，使其成为自己的东西。

必须广泛地阅读书籍，因为那是一个人生活上不可欠缺的知识来源。

选书读时，应该不只针对同时代的人类的智慧，也应扩及过去各个时代，能使人类获得全部生活和思想的正确见识的，无非是时至今日仍被一般人称为教养的东西。

现代没有教养的专家、学者很多，而只学到一点点当代一般教养和冒牌教养的人也不少。他们通常狂热地、片面地执著于自己苦心得来的狭小视野，而且还要所有的人以此为基准。

相反地，真正有教养的人越来越少了。也就是说，对现代及所有时代的全部教养具有洞察力和理解力，并且对自己的精神生活、任务和兴趣能适可而止的人，越来越少。

真正有教养的人，即使处在道德沦丧的时代，也能平稳地站在动荡的旋涡中。在不久的将来，这些建设国家和人生的精英分子，会再次在生活的考验中获得成果。

读书要则(二)

◎ (瑞士)希尔提

◆读遍所有的好书

这看起来比第一点要难，但普通人在一生当中确实可以学到超凡出众的广博知识，而且并不需要什么特别的技术，只要符合二三个简单的前提条件就可以了。

第一是要有规律。也就是养成读书的习惯，每天毫无例外地在一定的时间内阅读，即使短短的半小时也无所谓。半小时对任何人而言，大概不至于抽不出来吧？若能持续进行二十年，相信你必能成为国内有学问者之一。一旦养成这个习惯，就可以在读书之中发现与普通人的娱乐完全不同的乐趣。

第二是不读无用的书籍。这句话甚至可以说是读书的关键。因为，我们早已习惯读无用的书，而且现在大部分的书籍也都属于无用的读物。尤其是一些街头小报，即使不去读也不会有所妨碍。还有，过半数有插图的杂志，以及大部分长篇小说和短篇小说，也都属于此类。

此外，还要绝对不读不良的书籍。一旦“研究”不良的书籍，人类所拥有的善良精神就会渐渐灭绝。我们的使命，是为善良的精神提供一个住处，一旦经过清楚的选择，就不会在善与恶之间摇摆不定。特别想要去研究人类罪恶的人，通常是为了粉饰他想陷入罪恶状态的好奇心。

读书要则(三)

◎ （瑞士）希尔提

◆正确地读一切好书，而且反复地温习

正确地读书是件相当困难的事，但可以为你节省很多的时间。所谓正确地读书，就是对你想更深刻掌握其含意的内容反复阅读，对于只想了解其梗概的书，则没有必要反复阅读。

事实上，读书要到第二遍才算是真正的开始。也就是说，第一遍可以大致地先全部读过，第二遍则必须详细地做部分的阅读（只读用铅笔做记号的地方）。

接着还有一个重点，那就是读书要适可而止。读书时觉得厌烦或疲倦时，最好立刻停止。不过，刚开始时则不可以立刻停止，因为读书就和一般的工作一样，刚开始时常会觉得兴味索然。如果要等到真正产生兴趣时才去读书，恐怕有许多人绝不可能读书。所以，克服怠惰之念是非常重要的，怠惰是一切事业的最大障碍。

我们把以上各点做个总结，可知最重要的是开始，各种领域的读物，实际上多得不可胜数，让人不知从何读起。虽说如此，但也不可失去勇气。而为了不失去勇气，或为了不在途中失去勇气，以及为了拾回勇气，那就应该从最重要的书开始读起。如果有原著就读原著，而不要读被删改过的著作。如此一来，便能自然踏上读书之道，同时也自然能够了解应该研读的补充著作有哪些。

毫无价值的书

◎ （德国）叔本华

◆平凡的人所写的东西，像苍蝇似的每天产生出来

有许多书，专门介绍或评论古代的大思想家，一般人喜欢读这些书，却不读那些思想家的原著。这是因为他们只顾赶时髦，其余的一概不理会；又因为“物以类聚”的道理，他们觉得现今庸人的浅薄无聊的话，比大人物的思想更容易理解，是以古代名作难以入目。 我很幸运，在童年时就读到了施莱格尔的美妙警句，以后也常奉为圭臬。

“你要常读古书，读古人的原著。

今人论述他们的话，没有多大意义。”

平凡的人，好像都是一个模型铸成的，太类似了！他们在

同时期所发生的思想几乎完全一样，他们的意见也是那么庸俗。他们宁愿让大思想家的名著摆在书架上，但那些平庸文人所写的毫无价值的书，只要是新出版的，便争先恐后地阅读。太愚蠢了！

平凡的作者所写的东西，像苍蝇似的每天产生出来，一般人只因为它们是油墨未干的新书，而爱读之，真是愚不可及的事情。这些东西，在数年之后必遭淘汰，其实，在产生的当天就应当被遗弃才对，它只可作为后世的人谈笑的资料。

他山之石，可以攻玉

(英国) 培 根

◆精神上的各种缺陷，都可以通过求知来改善

书籍好比食品。有些只须浅尝，有些可以吞咽，只有少数需要仔细咀嚼，慢慢品味。所以，有的书只要读其中一部分，有的书只需知其梗概，而对于少数好书，则要通读，细读，反复读。有的书可以请人代读，然后看他的笔记摘要就行了。但这只应限于不太重要的议论和质量粗劣的书。否则一本书将像已被蒸馏过的水，变得淡而无味了！读书使人充实，讨论使人机敏，写作则能使人精确。

因此，如果有人不读书又想冒充博学多知，他就必须很狡黠，才能掩饰无知。如果一个人懒于动笔，他的记忆力就必须强而可靠。如果一个人要孤独探索，他的思维就必须格外锐

利。

读史使人明智，读诗使人聪慧，演算使人精密，哲理使人深刻，道德使人高尚，逻辑修辞使人善辩。总之，“知识能塑造人的性格。”

不仅如此，精神上的各种缺陷，都可以通过求知来改善。一个思维不集中的人，他可以研习数学，因为数学稍不仔细就会出错。缺乏分析判断力的人，他可以研习形而上学，因为这门学问最讲究繁琐辩证。不善于推理的人，可以研习法律案例。如此等等。这种种心灵上的缺陷，都可以通过求知来治疗。

阅读之路

◎ （德国）黑　塞

◆读书要走爱的道路，而非义务之路

读书绝对不是只为了使我们心情愉快，而应集中我们的精神来读。读书并不是要打发无趣的生活，用外在的慰藉来麻痹自己；相反地，是在帮助我们渐渐提升并充实自己的生活。

读书要走爱的道路，而并非义务之路。如果只因为某书非常著名，没读过它是一种羞耻，而勉强自己去阅读，这是错误的。所有的人都应该从最适合自己的地方开始阅读、认知，并且愉悦自己。有些人在学生时代初期，发觉自己特别偏爱美丽的诗句；有的人则喜爱历史或传奇故事；也有人喜好民谣；另一些人精研探求自己的感情，并藉卓越的知性来加以解释。他们一定都会觉得书中有种令人心悦神怡的魅力。阅读之路有数不清的方面，可从学校的教科书、日历出发，而终止于莎士比亚、歌德或孔子。

有的人一生只读过十二本书，仍然是真正的读书人。也有的人走马看花般阅读许多作品，对任何事物都能头头是道地表示意见，但这些人的一切努力是白费了，因为教养必须以一些可被教养的事物为前提，性格与人格即属之。如果没有这些，教养没有实体，只在空虚中进行，那么也许可以获得知识，但却无法产生爱与生命。没有爱的读书、没有敬畏的知识、没有心的教养是残害精神的最大罪恶之一。

无益的优点

(英国)休 谟

◆一身都是毛病的人容易因为受困而惊醒

如果一个人有某种毛病或缺点，常常与之相应就有某种优点，这种优点会使他比全身缺点要更加可悲。一身都是毛病的人容易因为受困而惊醒，可是如果他有慷慨大度和友善的性格，能活跃地关照他人，使他能得到很多幸运和奇遇，那他就更加不幸。羞恶之心，在一个有毛病的人身上确实是一种美德，可是它产生的是巨大的不快和悔恨，但也正因为如此，有的坏人才能完全摆脱罪恶而从善。徒有一副多情的面孔却没有友善的心肠，这样的人在无节制的恋爱里比豪放性格的人更幸运，但这个人因此就丧失了他自己。再从性格谈起，郁郁寡欢的性格，对我们的情感来说确实是个缺陷和不足，但它常常伴随着高度的荣誉感和正直诚实，在很高尚的人品中就时常能见到它；尽管它足以使生活加重痛苦，使人受到十分可悲的影响。反之，一个自私的坏蛋可以具有活跃快乐的性格和某种欢快的心情，这的确是一个好品质，可是在这点好处使他借以多做了多少坏事，使他受到了多大的惩罚啊，即使他交了好运，他的好些罪过也会使他悔恨和不得安逸。

我与自然科学

◎ （德国）歌　德

◆如果不研究自然，我就无法了解一般人的想法

我生存在人类的伟大发现最丰富的时代，这对我解决自己生活上诸多的问题，有相当大的助益。我在儿童时期就已经知道富兰克林的电气论，当时他刚刚发现这个法则。而在我的生涯中，诸如此类的发现相继地被发表，所以我从很早就开始注意自然，而后对自然也始终保持着相当浓厚的兴趣。

虽然我对自己研究的自然科学的对象有独到的见解，但是并不指望自己能立刻包容它，我宁可观察、实验，并探索自然。能对我确信的观点，亲自加以确认，我就很满足了。纵使自然并不包容我的见解，但是多少也会指导我其他的见解，这就是我追求的目标。因此，自然会更乐于看到我证实了它的理

论。

如果不研究自然，我就无法了解一般人的想法，即使研究其他东西，也不可能得到比这更纯粹的直觉与思想；更无法了解较严谨的感觉、悟性的错误与性格的强弱，而使得一般多多少少有点不确认的事情，容易处理。但是自然并不懂幽默。自然通常是真实、认真、严格的。自然通常是正确的。会做错事，会有过失的只有人类。自然轻视那些不了解自己的人，因此能了解自己的人，只倾心于真、善、美，进而公开自己的秘密。

演说艺术

◎ （瑞士）希尔提

◆符合礼节，保持自然

对演说者而言，第一个规则便是：“应该只说自己相信或知道的事。”亦即，不可说连自己都无法接受的事，那种事会立刻被识破。

说话的艺术在于“完全保有自然，只有在必要时，才可以改变你自然的天性”（譬如矫正你原有的发音方式）。亦即，不可有想要说出不属于自己风格之言论的念头，即使一点点也不可以。应该表现自己的特点，绝对不可模仿他人。说话时，尤其是必须把自己的人格完全表达出来。

此外，所有虚情假意的话都要避免。譬如太过谦虚的委婉言语、不真实的陈腔滥调等，都属于这一类。切记！不管谁都不会真心真意地接受那种话。真正自然的话，正好处在陈腔滥调和虚假的庄重或激昂之间。

演说者不可轻视听众，必须对听众表示敬意，所以不可尽说些客套话或陈腔滥调，因为那样的话，经常包含着对听众的判断力的轻视。对听众的评价越高，演说的情况就会越好。

从这个观点说来，演说者必须永远认为自己是在和有教养的全人类说话，并且应该说出自己所有的最卓越的思想。

演说态度的建立以及所有规则的精髓，总而言之就是符合礼节、保持自然。只靠技巧性的背诵，很少能够顺利进行。

由礼则雅

(英国) 培 根

◆讲究而有余地，宽裕而不失大体

其实要习得优美的举止，只要做到细心就可以。因为人只要不粗忽，他就自然会乐于观察和摹仿别人的优点。礼节要举动自然才显得高贵。假如在表现上过于做作，那就失去了应有的价值。因为举止优美本身就包括自然和纯真。有的人举止言谈好像在作曲，其中的每一音节都仔细推敲过。也有人举止粗放不拘礼仪，这种不自重的结果是别人也放弃对他的尊重。

礼仪是微妙的东西。它既是人类间交际所不可或缺的，却又是不可过于计较的。如果把礼仪形式看得高于一切，结果就会失去人与人之间真诚的信任。因此在语言交际中要善于找到一种分寸，使之既直爽又不失礼。这是最难又是最好的。

要注意——在亲密的同伴之间应注意保持矜持以免被狎犯。在地位较低的下属面前却不妨显得亲密会备受敬重。事事都伸头的人是自轻自贱并惹人厌嫌的。好心助人时要让人感到这种帮助是出自对他的关爱，而并非你天生多情乐施。表示一种赞同的时候，不要忘记略示还有所保留——以表明这种赞同并非阿谀而是经过思考。总而言之，礼貌举止正好比人的穿衣——既不可太松也不可太紧。要讲究而有余地，宽裕而不失大体，如此行动才能自如。

人心可雕

◘ （英国）休　谟

◆教育的丰硕成果能使我们确信，人心可以探根求源进行许多改造

认真留意于科学和文艺，能使心性变软和富于人情，使良好情感欢乐，而真正的美德和尊严就在其中了。一个有鉴赏力和学识的人连个正派人也算不上，这种情况是很少的，尽管他会有种种毛病。由于他的心灵致力于思考学问，必定能克制自己的利欲和野心，同时必定能使他相当敏锐地意识到生活中的各种礼节和责任。他对品格和作风上的道德差别有比较充分的识别力。他在这方面的良知不会被削弱，相反会由于思考而大为增进。 除了这些气质性格上的潜移默化，上述研究和运用还可能产生其他作用。教育的丰硕成果能使我们确信，人心并

不全是冥顽不可雕的，可以探根求源对它进行许多改造。只要让一个人给自己树立一个他所赞美的品格榜样，让他好好熟悉这个榜样的具体特点以便塑造自己，让他不断努力地警惕自己，避开邪恶一心向善，我不怀疑，经过一段时间，他就会发现他的品格有了一个较好的变化。

功不唐捐

◎ （德国）叔本华

◆思考的功夫不会白白浪费

思考的人往往会发现一种现象：他搜索枯肠，绞尽脑汁，经长时间研究所获得的真理或见解，闲时不经意地翻开书本来看，原来这些论调，别人早已发掘到了。泄气？失望？大可不必。这个真理或见解是经过你自己的思考而获得的，其价值自非寻常可比。惟其如此，才更能证明该种真理或见解的正确性，它的理论才更能为大众所理解和接受，这样，你成了该真理的一员生力军，这个真理也成了人类思想体系的一支。并且，它不像一般读来的理论，只是浮光掠影而已，它在你的脑海中已根深蒂固，永远不会消逝。

自己思索的人，他的意见以后可能被举为权威的例证。这时候的“权威”和一般书籍哲学家所据以为“权威”的情形不同。前者的意见和他自身有着强而有力的连结；后者不过是搜集整理归纳别人的意见。它就好像是用一些不知名的材料所做成的自动木偶一样，而前者与之相比，则是个活脱脱的生人，因为它是从外界在“思考之心”中植下胚胎，经过受胎、妊娠、分娩等过程而产生出来的。

能思想的草

◎ （法国）帕斯卡尔

◆人的全部尊严就在于思想

思想形成人的伟大。

人只不过是一根苇草，是自然界最脆弱的东西；但他是一根能思想的苇草。用不着整个宇宙都拿起武器来使他毁灭；一口气、一滴水就足以致他死命了。然而，纵使宇宙毁灭了他，人却仍然要比致他于死命的东西更高贵得多；因为他知道自己要死亡，以及宇宙对他所具有的优势，而宇宙对此却是一无所知。

因而，我们全部的尊严就在于思想。正是由于它而不是由于我们所无法填充的空间和时间我们才必须提高自己。因此，我们要努力地思想，这就是道德的原则。

能思想的苇草——我们应该追求自己的尊严，绝不是求之于空间，而是求之于自己的思想。我们占有多少土地都不会有用；由于空间，宇宙便囊括了我们并吞没了我们，犹如一个质点；由于思想，我们却囊括了宇宙。

人既不是天使，又不是禽兽。但不幸就在于想表现为天使的人却表现为禽兽。

思想——人的全部的尊严就在于思想。

因此，思想由于它的本性，就是一种可惊叹的、无与伦比的东西。它一定得具有出奇的缺点才能为人所蔑视。然而它又确实具有，所以再没有比这更加荒唐可笑的事了。思想由于它的本性是何等地伟大啊！思想又由于它的缺点是何等地卑贱啊！

自我教育

◎（德国）黑　塞

◆你要尽一切力量，使你心中独特、美妙的本质成熟为目标

每一位少年朋友都曾一度想当车夫、猎人、将军或歌德、唐璜之类的人。这是完成自然发展、自我教育的一部分，因为空想可触及将来的可能性。但人生常常无法满足这些愿望，少年或青年的梦，大多最终幻灭。尽管如此，人们还是反复地把不适合于自己的愿望、动摇自己本性的要求，加诸身上而深自痛苦。但在这当中，也有内在觉醒的时刻，也会反复思索。没有一条路能够让我们走出自己，进入别人心中。我们必须带着自己的才能和缺点步过人生，然后一步一步前进，将自己以前做不到的事，逐渐进行起来。即使是片刻时间，也能毫无疑问

地肯定自己、满足自我。这当然不会延续太久，但在我们专心努力时，会感到我们心中最深奥的东西，自然地成长、成熟起来。而只有这个时候，人是和世界相调和的。

你要尽一切力量，使你心中独特、美妙的本质成熟为目标。尽量舍弃和人相同的部分，至少不要相信它，你才会觉得快乐，否则生命毫无价值。

取法乎上

◘ （德国）尼　采

◆唯有自己，才有资格成为自己的导师和内心的解放者

人类本是一种极端虚伪的动物。如果说兔子有七层皮，那么即使在人类身上剥完七层七十倍的皮，也不能说："这便是真的你，你再也没有虚伪的表皮了。"

以下将介绍一种方法——随着年轻的灵魂问："至今为止，你最钟爱的是什么呢？接受你那彷徨灵魂的又是什么？充满了你的心灵，让你感到无比幸福的又是什么？"你若以真诚的灵魂回顾过去，一定可以找出解答。

将你自己所敬仰的人物列出表来，并回想自己为何尊敬他们，从这些原因之中找出一项你认为自己之所以尊敬他们的共同原则。今后，你只要以此为依据，努力去实行就可以了。

如果稍有成就，不妨再从这些偶像身上，选几项你认为值得学习的善行加以补充。最后你定可青出于蓝，然后再以他们作为你步向成功的踏脚石，一步一步地往上爬，最后你必然可以找到“自我”。

因为“自我”并非隐藏在你的内心深处，而是在你无法想象的高处，至少是在比你平日所认识的“自我”更高的层次里。

能够成为你自己本身的导师与典范的，唯有发自你的天性。惟有自己，才有资格成为自己的导师和内心的解放者。

怡然自适

◎ （印度）奥 修

◆一个内心晦暗的人可以做出任何破坏性的事

没有一个聪明的人会对支配别人有兴趣。

他首要的兴趣在于知道他自己，所以聪明才智的最高品质会走向神秘主义，而最平庸的头脑会去追求权力，权力可以是世俗的、政治的、或是金钱的……它也可以是掌握着灵性的控制权，控制着千千万万的人，但是基本的动机就是要如何控制更多更多的人。

那种动机之所以会升起是因为你不知道你自己，而你又不想知道你不知道你自己。

你非常害怕了解到遍布在你内心的无知，因此你通过下列这些方法来逃避这个晦暗——对金钱的贪婪、对权力的贪婪、对受尊敬的贪婪和对荣誉的贪婪。一个内心晦暗的人可能做出任何破坏性的事。

对于这样一个人而言，创造力是不可能的，因为创造力要产生的话，你必须成为有意识的，你必须警觉一点，你必须要有光和爱，创造力对控制任何人根本没有兴趣——为什么要去控制别人呢？别人就是别人，你既不应想去控制任何人，也不应想被任何人所控制。

心灵的洗礼

◎ （德国）歌 德

◆探测你的内心，那么你应该认清全部的你

恶意与憎恨如果靠锐利的眼光组合起来，它们就只会徒留于观察者表面的看法。反观，若是锐利的眼光使得好意与友爱能亲密地结合，它们就能洞悉世界及所有人类。或者应该说，它们能达到人的最高的期望。

探测你的内心，那么你应该可以认清全部的你。因此，当你呼唤它们时，你的身体可以自然地听到内心回答：“是”。如此一来，你的欣喜当然是最好的表现方法。

思想如果不是从活动的天性中衍生出来，就无法有效地推动运动着的生活。它只能随着不同时期的情势发展或消灭，而多样地变化。这种思想无法使世界真正地获利。真实且认真地投降自己内心的人，通常只能发现一半的自己。为了使自己能变成最完美的人，他会去捉一个女人或捉住一个世界。

人类若是以灵魂而非外在因素来处理自己的话，灵魂势必深切反省自己的内心。这刚好与音乐家面对乐器时的心境不谋而合。

当独处以自修

◎ （法国）萨　特

◆通过真实的虚构去重新审查我的行动和思想

我不以为自我与自我的关系应该是一种爱的关系。我想爱是自我与其他人之间的真正关系。但是，反过来，不自爱，经常责备自己、讨厌自己，同样妨碍人们充分地占有自我。

你对你自己的感情是一种可能不存在的感情，因为它老在那儿，你是你自己的，于是你既是施爱的那个人又是被爱的那个人。除非你引人一些形象，这种感情才可能存在，不过那个时候我们又处在自我陶醉的境地了。

自我陶醉是某种自我欣赏、自我爱怜的感情，是人们要在自己做的事情中找到自己为自己想象的那个样子的一种方式，简单说，这是一种与自我发生的经常关系，而这里的自我与其说是那个在说话、思想、做梦、行动的积极的自我，毋宁说是以那个积极的自我为基础制造出来的一个人物。

把我自己放到某一位置上，从那个角度出发我必然会看到我过去不认识的某种类型的真理。我指的是，通过真实的虚构——或者通过虚构真实——去重新审查我一生的行动和思想，以便努力把它们组成一个整体，仔细察看它们所谓的矛盾和局限。

自珍

(古罗马) 奥勒留

◆一个人的工作就是做一个人

如果你取得了这些特性：善良、谦虚、真诚、理智、镇定、豁达，注意不要改变它们。如果你失去了它们，迅速地找回它们。记住“理智”这个词是要表示对一切个别事物的一种明辨并且摆脱了无知； “镇定”是指自愿地接受人性分派给你的事物； “豁达”是指理智的部分超越肉体的使人愉悦或痛苦的感觉，超越所有那些被称之为名声、死亡之类的可怜事物。那么，如果你要自己真正拥有上述这些名称，而不想由别人来称呼这些名称，你将成为另一个人，进入另一种生活。因为，保持你拥有美德之前的样子，被生活撕碎和玷污，是一个大傻瓜和过分溺爱自己生命的人才有的品格，所以你要固守这几个名称，如果你能居于它们之中，那你就仿佛回到了某个幸福之岛居住。但如果你察知你脱离了它们，没有把握住它们，那么勇敢地去那你将保有它们的一隅，甚或马上放弃生命，不是在激情中，而是朴实、自愿和谦虚地放弃生命，在做了这件至少在你生命中可赞美的事之后，离开它。记住一株无花果树的工作就是做一株无花果树；一条狗的工作就是做一条狗；一只蜜蜂的工作就是做一只蜜蜂；一个人的工作就是做一个人，那么这将会对你大有助益，帮助你记住这些名称。

同自我竞赛

◎ （瑞士）希尔提

◆这是一切教养的最终目的

解除人类的“个人感受”和利己心，是一切真正教养的最终目的。

利己心虽是所有生物基于自我生存的欲望而产生的，但却与生命的目的相反。

人生的过程本质上是因拥有感受而开始的，但在我们结束人生之前，精神方面必须有所成就。亦即希望能以更优惠的条件，在永恒的未来世界，将此过程延续下去。

因此，人类与生俱来的性格中，一开始就潜藏着一种矛盾纠葛。那是实际存在之物（本能和感受），亦即想要彻底维持天性的自然资质，和存在于内心深处对至善的向往两者间的纠葛。

人类如果不坚持得自于自然的资质，有时便会觉得和脚下的大地产生某种隔离。虽然如此，但是当我们坚持自身自然的资质时，我们更卓越的自我就会不断地苛责自己：“你没有尽到义务，你这样做什么事都无法成功。”

只要有自觉的能力，任何人都会把自己当成竞争的对手，而在这场竞赛中，我们务必要获得胜利。

真实的高贵

◎（美国）海格威

◆比以前的自己强，才是真实的高贵

在风平浪静的海面上，每个人都可以做驾船的人。但是，如果只有阳光而没有阴影，只有快乐而没有痛苦，那就全然不是人生。即使以最幸福的人的遭遇来说，那也是一团缠结的纱线。亲人的死亡和幸福的接踵而来，使我们一阵悲哀，一阵愉快。甚至死亡本身会使人生更为可爱。在人生中的清醒时刻，在悲哀及丧失的暗影之下，人们最接近他们的真我。

在人生事务或事业中，智慧所发生的作用，不如品格；头脑不如心情；天才不如由判断力所节制的自制、耐心，和规律。

我始终认为，如果一个人开始在内心深处生活得更严肃，便会开始在外表上生活得更简朴。在奢侈浪费的时代，我愿向世人表明，人类真正需求的东西应该是非常少的。

懊悔自己的错失而不至于重犯，才是真实的悔悟。比别人强，并不算高贵。比以前的自己强，才是真实的高贵。

让良心引导我们

◎（德国）黑　塞

◆良心，将在残酷和罪恶中拯救我们的灵魂

人生虽充满挣扎、烦恼、丑恶。但除此之外，还有一样东西——那就是人类使自己面对永恒的能力和良心。良心在我们烦恼和死的不安之中，从残酷和罪恶之中引导我们，从寂寞、无意义的世界中带出我们。良心和道德或法律一点关系都没有。良心比怠惰、利己心、虚荣心更强大，即使在悲惨的谷底、迷妄的尽头，也能显示出一条敞开的大道，那不是回返死的世界，而是超越它，到达永恒之处。

不管任何人，都可以在烦恼和绝望的对岸，开辟一条让生有意义，死也容易的静谧之道。有人践踏自己的良心，无恶不作、全身沾满血迹。结果，深自叹息悔悟自己的迷误，而体验了蜕变之期。还有一些人，开始就和自己的良心保持亲密的关系而过活，他们是少数幸福的圣人。对他们而言，不管发生什么事，只是外部受到侵袭、内心却毫无所损，经常保持清明，他们脸上永远带着微笑。

幸福的寄托

◎ （法国）霍尔巴赫

◆惟有人道、慈惠、同情和公正的人，才能得到自己需要的情感

人们少不了要向我们说，甚至还要给我们证明：在现在的世道下，德行，远不能使实践它的人得到安乐，反而使他们时常陷于不幸，给他们的幸福安置一些连续不断的障碍。我们常常看见德行是得不到报答的，我说什么呢？我这样回答：我承认由于人类迷误的必然结果，德行很少被引向一般人懂得把幸福寄托在其中的那些事物上去。大多数社会，常常被那些由于无知、谄媚、偏见、权力的滥用，以及罪而不罚等等共同使之成为德行之敌的人们所统治，这些人不惜把他们的尊重和恩惠给与那些不肖的属下，他们只奖赏浅薄而有害的才能，而决不

给有功劳人的以他应得的公平。

每个人的幸福依赖于他在一些人（使命使他处于这些人当中）的内心引起并培养起来的种种情感。显赫的身世固然足以使人头晕目眩；威权和力量固然足以取得别人并非出自心愿的敬意；家资豪富固然可以贿买那些低下和卑劣的灵魂；然而惟有人道、慈惠、同情和公正，才能毫不费力地得到一切有理性的人所需要的那些亲切、深情的尊重的情感。

我们正被自己的知识所毁

（美国）特　纳

◆我们的道德生活濒临危境

现在我们又回到了苏格拉底的时代：我们的道德生活濒临危境，我们的智力生活则由于古代的风俗与信仰的崩解而迅速发展并体系庞大起来。在我们的思想和我们的行为之中，每样事情都是新的和试验性的，没有一样事情依然是确定不移的。

我们现在的文化是肤浅的，我们的知识是危险的，因为我们有丰富的机械，科学已经把我们的道德的超自然基础撤除，全世界的人们似乎都沉迷在一种紊乱的个人主义之中，而那种个人主义则反映着我们性格的支离破碎的紊乱状态。

我们以空前的速度在世界各处忙忙碌碌，但是我们究竟是在往何处去，能否在那里为我们的受困扰的灵魂寻得任何幸福快乐，我们自己也茫然不知。我们正被自己的知识所毁灭着，那些知识已使我们陶醉于自己的力量。如果没有智慧，我们是不会得救的。

美　德

◘　（古希腊）苏格拉底

◆美德整个地或部分地是智慧

一般地说，灵魂所企图或承受的一切，如果在智慧的指导之下，结局就是幸福。但如果在愚蠢的指导之下，则结局就相反！

如果美德是灵魂的一种性质，并且被认为是有益的，则它必须是智慧或谨慎，因为灵魂所有的东西，没有一种是本身有益或有害的，它们都是要加上智慧或愚蠢才成为有益或有害。

别的那些善，如财富之类，它们是有时善有时恶的，它们岂不是也要看灵魂是正确地还是错误地指导和利用它们，而变成有益或有害的吗？

这不是对人的本性普遍的真吗？一切别的事物都系于灵

魂，而灵魂本身的东西，如果要成为善，就都系于智慧，所以推论下来，智慧就是对人有益的东西——而美德，我们说，也是有益的。美德整个地或部分地是智慧。如果善不是由于本性就是善的，岂不是由于教育而成为善的吗？

美德并不是用金钱能买来的，却是从美德产生出金钱及人的其他一切公的方面和私的方面的好东西。

道德的真理

◎（俄国）托尔斯泰

◆只有重视和尊敬道德的人，才会了解道德的真理

如果你把在地质学、天文学、历史学、物理学、数学等领域所知的东西，告诉一个在这些方面一无所知的人，他因为得到了全新的知识，故绝不会说："这有什么新鲜！不是所有的人都知道吗？我老早就知道了！"之类的话。但是，如果你要诉说的，是有关道德的最高尚的真理，那么你最好试着用仿佛未曾有人表现过的、极其简洁易懂的方式来表达。大部分的人，特别是不关心道德问题的人，或是在听了你有关道德真理的阐述之后产生不快的人，一定会说："谁不知道你说的？这不就是人们经常耳提面命的事吗？"他们认为这些全是陈腔滥

调。只有重视、尊敬道德真理的人，才会了解道德的真理，才会使道德的真理化为简单明了的道理——亦即从冷漠茫然中意识到的希望和想象，以及从漠然捕风捉影的表现，转移到积极要求某种适当作为的明确表现。这是极其宝贵的作为。他们知道，必须要经历长久的辛劳与痛苦，才能达到这个目标。

我们习惯于把道德上的教诲，当成非常迂腐无聊的东西，认为在这当中不可能会有新鲜有趣的事物。但是，在被人们认为与道德似乎没什么关系的各种重要活动当中，包括政治的、科学的、艺术的、商业的活动等，人类生活的全部，渐渐地在发扬光大道德的真理，并渐渐地化道德的真理为简单明确的道理。除此之外，人类未抱有任何的目标。

君子喻于义

◎ （英国）舍夫茨别利

◆一个人有过度强烈的自我情感是不幸的

道德在一切精华瑰丽之中是最可喜的，那是人闻万事的支柱和掩饰，它维护团体，保护团结、友谊和人与人之间的交往；由于它，国家一如私人的家庭昌盛而幸福，如缺少了它，则任何美妙、卓越、伟大和有价值之事必然凋残毁灭。这单纯的性质，如此有利于一切社会和普遍的人群，有利于任何个人的幸福和好处。人类也只能循此，才能得到快乐。否则，必是不幸。

一个人有过度强烈的自我情感，是不幸的。

如果它适度而且不越过一定限制就无害于社会生活，也无碍于道德。但如达到极端的程度，它们就变成懦弱、仇忌、奢侈、贪婪、虚荣、野心、懒惰。这样一来，对社会来说就是邪恶和坏。

凡出自不公正情感的行为，就是不义、恶行和过失。如果情感公正、健全而良好，并且情感的内容原本就有益于社会，而且还将以有益于社会的方式施行，这就必定在任何行动中构成我们所说的公平和正直。

任何人，只有在他具有关心公众利益的意向时，只有在他能获得关于道德上的好坏、赏罚、正误的思想或知识的时候，我们才能说他是有价值或道德的。

中正无邪

(古希腊) 亚里士多德

◆理性比其他的任何东西更加是人

美德乃是牵涉到选择时的一种性格状况，一种中庸之道，即是说，一种相对于我们而言的中庸，它为一种合理原则所规定，这就是那具有实践智慧的人用来规定美德的原则。

美德有二种，即心智方面的和道德方面的，心智方面的美德的产生和发展大体上归功于教育（因此它需要经验和时间），而道德方面的美德乃是习惯的结果。

我们的美德既不是由于自然，也不是由于违反自然而产生的。毋宁说，我们是由于自然而适于接纳美德，又由于习惯而使美德达于完善。

对于人，符合于理性的生活就是最好的和最愉快的，因为理性比任何其他的东西更加是人。因此这种生活也是最幸福的。

每种技艺和研究，都被认为是追求某种好处，同样地，每种行业和事业亦复如此。由于这个缘故，善曾经很正当地被宣称为一切事物的目的。

即令个人的目的和国家的目的是相同的，国家的目的似乎是更伟大更完全的东西，值得去取得和保存。虽则仅仅为了一个人去获得这个目的，也是值得的，但为一个民族或许多城邦而去获得它，则是更好、更神圣的。

矜于细行

◎ （古希腊）柏拉图

◆如果没有小石子，大石头是不会稳稳当当地躺着的

勇敢是美德的一部分，而怯懦是罪恶的一部分，懒惰是怯懦的儿子，而疏忽是懒惰的儿子。

节制是一种秩序，一种对于快乐与欲望的控制。

人的灵魂里面有一个较好的部分和一个较坏的部分，而所谓“成为自己的主人”就是说较坏的一部分受到较好一部分的控制。

我所描述的国家的确是有智慧的，因为它是有着很好谋划的。好的谋划这个东西本身显然就是一种知识。因为国家之所以有好的谋划，是由于智慧而不是由于愚昧。

对于舵手或将军，管家的人或政治家，以及其他这一类的人来说，如果他们只注意大事而忽略小事，他们的结果不会更好。这就好像建筑师所说的一样，如果没有小石头，大石头是不会稳稳当当地躺着的。

美德的法则

（法国）伏尔泰

◆美德是那些使人们高兴的事和习惯

为了要熟悉我们称之为“有道德的人”，首先必须深入生活和反省自我。一切有关道德的著作不都包含在约伯的这几句话里了吗：“人为妇人所生，日子短少，多有患难。出来如花，又被割下。飞去如影，不能存留。”

人最初必得是一条虫，在他最早的幼年爬来爬去；在十五岁以前，他必得像蝴蝶一样轻佻；在他的青年时代，得具有孔雀的虚荣；在成人之后他得像马一样担负苦役；快到五十岁时，他就会有狐狸那样的狡诈；在他老年，他将像猴子一样丑陋可笑。这一般说来就是人的命运。

美德就是做那些使人们高兴的事情的习惯，罪恶就是做一些使人们不高兴的事情的习惯。

尽管在一个地方被称为美德的在另一个地方正好被称为罪恶，尽管大多数善与恶的规范的不同有如语言和服装的分歧，然而我觉得确实有一些自然的法则，普天之下的人都不能不承认，虽然他们是有法律的。

一个人杀自己的兄弟是大逆不道的，可是如果一个人没有别的办法来拯救自己的祖国，只得牺牲自己的兄弟，那他就是一个圣人了。

本性的回归

◘ （德国）叔本华

◆拔去身上那根常令我们痛苦的刺

我们每做一件事，首先便会想到：“别人会怎么讲？”人生中几乎有一半的麻烦与困扰就是来自于我们对行动结果的焦虑上。这种焦虑来源于自尊心，人们对它也因日久麻痹而没有感觉了。我们的虚荣弄假、以及装模作样都是源于担心别人会怎么说的焦虑上。如果没有了这种焦虑，也就不会有这么多的奢求了。各种形式的骄傲，不论表面上多么不同，骨子里都有这种担心别人会怎么说的焦虑，然而这种忧虑所费的代价又是多么大啊！人在生命的每个阶段里都有这种焦虑，我们在小孩身上已可见到，而它在老年人身上所产生的作用就更强烈，因为当一个人年华老去，没有能力来享受各种感官之乐时，除了贪婪他剩下的就只有虚荣和骄傲了。

要知道幸福是存在于心灵的平和及满足中的。所以要得到幸福必须合理地限制这种担心别人会怎么说的本能冲动，我们要切除现有分量的五分之四，这样才能拔去身上那根常令我们痛苦的刺。当然要做到这一点是很困难的，因为此类冲动是人性内自然的执拗。

制止这种普遍愚昧的唯一方法就是认清这是一种愚昧，一个人如果完全知道了人家在背后怎么说他，他会烦死的。最后，我们清楚地知道，与其他许多事情比较，荣誉对我们的生活来说并没有直接的价值，而只有间接价值。如果人们果能从这个愚昧的想法中挣脱出来，他就可以获得现在所不能想象的平和与快乐：他可以更坚定和自信地面对着世界，不必再拘谨不安了。

换句话说，我们能够“归返到本性”上生活了。同时我们也可以避免许多厄运，这些厄运是由于我们现在只追寻别人的意见而造成的，由于我们的愚昧造成的厄运只有当我们不再在意这些不可捉摸的阴影，并注意坚实的真实时才能避免，这样我们方能没有阻碍地享受美好的真实。但是，别忘了：值得做的事都是难做的事。

别做感情的奴隶

◎ （英国）休　谟

◆如果一个人能完全主宰他自己的气质，就一定宁愿具有沉着冷静的品格

有些人的感情很敏锐细腻，因而非常容易受到生活中种种偶然遭遇的影响，每个成功或顺利的事件都使他兴高采烈，而一旦处于逆境或遭到不幸时就垂头丧气，沉溺于强烈的悲伤之中。给他一些恩惠和提拔，就能很容易地得到他的好感与友谊，而稍微伤害了他一点，就会招致他的愤怒和怨恨。得到点尊重和夸奖，他们会得意忘形。略受轻蔑，他们就受不住。毫无疑问，这样品性的人，同沉着冷静的人相比，他们总有更多的得意和快活，自然也有更多的刺骨的忧愁。但是如要权衡一下事情的轻重，我想，如果一个人能完全主宰他自己的气质，

就一定宁愿具有沉着冷静的品格。因为命运的好坏，不是我们自己可以随意支配的。何况在生活中让人能得到巨大欢乐的事常常并不比使人感到巨大痛苦的事多，这样，敏感的人能尝到欢乐的机会就一定少于尝到痛苦折磨的机会。这样的人在生活中是很容易不检点、不谨慎的，也就很容易犯错误，这些错误常常是无可挽回的。

生活中的好运或倒霉的事，我们自己是很少能做得了主的。但是我们可以很好地选择我们自己所读的书籍，所参与的娱乐活动，所保持的友情关系。完美无缺的境界是达不到的，不过每个有智慧的人总该把他的幸福立足于他自身。对于全靠其他条件才能获致的幸福，如情感敏锐精细的人所追求的那些东西，他不去追求。

凡事不为己甚

◎ （法国）卢 梭

◆人的聪明智慧或真正的幸福道路在哪里？

人人都有幸福和痛苦，只不过是程度不同而已。谁遭受的痛苦最少，谁就是最幸福的人；谁感受的快乐最少，谁就是最可怜的人。痛苦总是多于快乐，这是我们大家共有的经验。在这个世界，对于人的幸福只能消极地看待，其衡量的标准是：痛苦少的人就应当算是幸福的人了。

一切痛苦的感觉都是同摆脱痛苦的愿望分不开的，一切快乐的观念都是同享受快乐的愿望分不开的。因此，一切愿望都意味着缺乏快乐，而一感到缺乏快乐，就会感到痛苦，所以，我们的痛苦正是产生于我们的愿望和能力的不相称。一个有感觉的人在他的能力扩大了他的愿望的时候，就将成为一个绝对痛苦的人了。

那么人的聪明智慧或真正的幸福道路在哪里呢？正确说来，它不在于减少我们的欲望，因为，如果我们的欲望少于我们的能力，则我们的能力就有一部分闲着不能运用，我们就不能完全享受我们的存在；它也不在于扩大我们的能力，因为，如果我们的欲望也同样按照更大的比例增加的话，我们只会更加痛苦。因此，问题在于减少那些超过我们能力的欲望，在于使能力和意志两者之间得到充分的平衡。所以，只有在人的一切力量都得到运用的时候，人的心灵才能保持安静，生活才能纳入条理。

化故从新

◎ （古罗马）塞涅卡

◆要把欲望控制在安全的限度以内，要清洗掉性格中的每一丝邪恶

头脑如果能够自己支配自己，即使是在忙乱之时也是可以随意给自己找到庇护所的。相反，为了寻求和平与宁静而花费大量时间去选择避难所的人每到一处都会感到总有什么在妨碍他，使他无法轻松下来。有个故事说：有人向苏格拉底抱怨，说出国旅行并未给他带来好处，而他得到的回答是：“既然你出去旅行时总把自己带在身边，你能指望得到什么别的呢？”对于有些人来说，若能忘却自我，那将是何等的幸事！事情就是这样，这些人竟是自己的烦恼，自己的负担，是自己情绪低落和焦虑不安的缘由。飘洋过海，周游列国，这对你有什么益

处？如果你确实想要摆脱那些折磨你的事情，你所需要的就并不是改变住所，而是改变你这个人。

实际上，只要你依旧愚昧无知，不知道该追求的是什么，该避免的是什么；不知道什么是本质的东西，什么是表面的东西；不知道什么是正确的或高尚的行为，什么是不正确的或不高尚的行为，那么你就不是在旅行，而是在随波逐流。这样匆匆忙忙地从一个地方跑到另一个地方，是不会给你带来任何安慰的，因为你的情绪始终伴随着你旅行，你的烦恼总是压迫着你。

因此，你应该做的事情是告别过去，去掉背上的负担，开始新的生活。要把欲望控制在安全的限度以内，要清洗掉性格中的每一丝邪恶。

有益的坏日子

◎ （瑞士）希尔提

◆如果没有坏日子的话，大部分的人就不会竭尽全力去认真思考

人的一生不能不伴随忧愁（担心或挂念），不只与忧愁共存，而且还会有更多的忧愁，而保留这些忧愁正是我们达到无忧的生活前必须学会的技术。

我们有三个基本理由，认为必须要有忧愁：

第一，为了不变成傲慢、轻浮的人。忧愁就像调节时钟使之正确运行的钟摆。

第二，为了养成对别人的同情心。太过富裕而无忧无虑的人，很容易成为利己主义者。这些家伙即使看到因忧虑而脸色苍白的人，也不会产生同情心，只会认为他是个不正常的、妨碍了自己悠然自得的舒适生活的人。不仅如此，还可能从心底怨恨这样的人。

第三，只有忧愁才能强而有力地教导我们相信真理，祈求他的帮助。因为倾听我们的愿望，使我们从忧愁中解放出来，才是唯一真实的真理之证明。

因此，坏日子反而更好。如果没有坏日子的话，大部分的人就不会竭尽全力去认真地思考。

我们在旅途中

◎ （美国）狄 克

◆我们不是休止的，而是在旅途中

无论你在何处，无论你是何人，在此刻以及在我们生存中的一切短暂时刻里，你和我有一点是完全相同的。那就是，我们不是休止的，而是在旅途之中。我们的生活是向着一个看不见的目标前进的一种活动趋势，一种稳定而不停止的进展。我们每天都有得失，即使我们的地位和品德看似和以前一样，实际它们也在改变。因为单纯的时间的进展就是一种改变。同样地，如果你有一片荒田，它在一月里和七月里一定不相同。季节造成了差别。儿童的缺陷被视为天真无邪，但如果表现于成人，就是幼稚。

我们所做的每一件事都是朝着某一方向的步骤。甚至未做的事，其本身也是一项行为。它使我们前进或后退。磁针的阴极作用和阳极作用，是同样实际的。拒绝就是接受——不过是另一条代替的途径而已。

你今天是否比昨天更接近你的港口呢?是的，你一定会稍微接近某一港口的。因为自从你的船第一次在人生的海中下水时起，你从没有停息片刻。这海洋太深了，你不可能寻到一个停泊之所。在未驶进港口之前，你不能停顿。

童年印象

◎ (坦桑尼亚) 夏巴尼

◆孩子的忧患对成人可以说是微不足道，但对孩子本身却是了不起的大事

老人们常说童年乃人生中最美好的时光。他们回首童年，追忆那些幸福的日子——有趣的游戏，整日的田间闲逛，学校里的乐事，亲爱的爸爸妈妈，可爱的弟弟妹妹，旧日的住处，可口的甜饼和煎鸡蛋，同伴的聚会，常开的玩笑，还有儿时得到的礼物。他们在孩提时代，不必为糊口而卖命。要什么东西。他们的妈妈们都会满足他们的要求。当他们回顾往事，童年的疑问与难题会显得十分渺小，甚至无聊，不由得引起人们会心的一笑，儿时他们不曾遇到大的灾祸，没有沉重的负担，也没遭到多大的危险。世界对他们来说是一座乐园，他们不懂

人还可能是残酷无情的。他们相信听到的一切，也不知道人有可能是虚伪狡诈的。那时，他们纯真无邪，终日愉快。因而，老人们有时向往能重返童年。

也许老人们说的是真的。然而，我认为他们忘却了童年许多不愉快的事。要是神仙真的使他们如愿以偿，让他们变回儿童，他们怕是不愿意的。有一个故事，说的是一个小孩哭闹着，不愿放假后再回校上学。他爸爸训斥他：“我要能再当一回孩子，现在就上学去。”不料神仙听从了他的话语，孩子的爸爸一下变成小孩，而他儿子变为成人。事到临头，小孩模样的爸爸不得不上学去。我敢说他根本不喜欢这样。孩子的忧患对成人可以说是微不足道，但对孩子本身却是了不起的大事呀。

青　春

◎ （俄国）赫尔岑

◆当青春还没有被道德堕溶消耗尽的时候，它总是不切实际的

大自然不断使用的诡计和巧妙的节约办法，它把青春给人，可是它又把长成的人据为己有；它拖着他走，把他缠在社会关系和家庭关系的网里面，这些关系的四分之三都不是由他的意志决定的。

凡属于个人的东西都会很快地消失，对于这种消逝人只有顺从。这不是绝望，不是衰老，不是凄凉，也不是淡漠。这是白发的青春，是恢复健康的一种形态，或者更恰当地说，就是恢复健康的过程。人只能用这个方法忍受某些创伤。

我不知道人们为什么给初恋的回忆以某种专利，而忽视了

青年友情的回忆。初恋的芬芳在于它忘记了性别，在于它是热烈的友情。另一方面，青年间的友情，有着爱情的全部热情和爱情的一切特点。

当青春还没有被市侩习气所引起的道德堕落消耗尽的时候，它总是不切实际的，特别是在一个有很多计划却少有成就的年轻国家里是这样。而且不切实际远远不是说要讲假话，对于未来的一切想法都带有理想主义的成分。要是没有这种不切实际的性格，那么所有的实践家就只会反复唱着枯燥乏味的老调了。

觉 悟

(瑞士) 希尔提

◆太早完成自我的年轻人，通常都不长寿

不再拘泥于自我，就能得到精神上的自由，就能充分使用自我的精神力量。也就是说，精神可以使人从好些不适合自己的工作中获得解放，了解到平常因忧郁或快乐使精神之眼受到蒙蔽的事情，并静静地加以消化、吸收。

当然，应当事先声明的是，对身心急速发育的年轻人而言，这件事并不是那么容易做得到的。太早完成自我的年轻人，通常都不长寿，那是因为太早就走到人生终点之故。

人类和动物、植物相同，都是大自然的产物。所以，为了茁壮成长，在某一时期便需要利己性的本能，但在这个时期之后，必然接续着以下的时期——专注于自我本身这个已非人类本性的自然物，而从其中解放出来，展现出为某个理想而生活的时期。

这是人生最具决定性的时刻。对某些人而言，就像从前的自己已经横死或暴死，现在得以重获新生；而对其他人而言，则毋宁说是以前的天性正慢慢地、平静地进入梦乡，新的天性正逐渐觉醒、成形。

无论如何，这个变化一旦来访，人生的一切现实问题都会在另一种照明之中，清晰地现出原形而获得解决。

但是，这个变化常常在未被发觉时就结束了。所以，追求这种变化的人永远得不到满足，而且还会留下罪恶感。这种罪恶感断然地宣告：“你应该可以做得更好，而且必须那样做。”

野草莓

◎（波兰）伊瓦什凯维奇

◆六月的气息已经一去不返了。它虽然曾经使我们惴惴不安……

我们漫步田野。在林间草地上我意外地发现了一颗晚熟的硕大草莓。我把它含在嘴里，这香甜的味道把我的思绪引向了六月，那是草莓最盛的时光。

我们常以为自己还是妙龄十八的青年，还像那时一样戴着桃色眼镜观察世界，还有着同那时一样的爱好，一样的思想，一样的情感。一切都没有发生任何的改变。简而言之，一切都如花似锦，韶华灿烂。

但是，只须去重读一下青年时代的书信，我们就会相信，这种想法是何其荒诞。从信的字里行间飘散出的青春时代呼吸的空气。与今天我们呼吸的已大不一般。直到那时我们才察觉我们度过的每一天时光，都赋予了我们不同的色彩和形态。每日朝霞变幻，越来越深刻地改变着我们的心性和容颜；似水流年，彻底再造了我们的思想和情感。有所剥夺，也有所增添。激动不安，若明若暗的青春岁月之后，到来的是成年期成熟的思虑，是从容不迫的有节奏的生活，是日益丰富的经验，是一座内心的信仰和理性的大厦的落成。

六月的气息已经一去不返了。它虽然曾经使我们惴惴不安，却浸透了一种不可取代的香味，真正的六月草莓的那种妙龄十八的馨香。